Military Detail Illustration

SCHWERE JAGDPANZER

德國重驅逐戰車

結構解析插畫集

插畫、圖解／遠藤慧

德國重驅逐戰車開發、性能、生產解說

二次大戰期間，德國的虎式戰車、豹式戰車極為活躍，不僅力壓西方聯軍戰車，面對強敵蘇聯同樣具備優越地位。但其實德軍當時還開發了攻擊和防禦能力凌駕上述戰車的車款＝斐迪南式／象式、獵豹式、獵虎式幾款車輛。這些「重驅逐戰車」在大戰後期相繼投入重要戰場，擊破自車損失大幅高出許多的聯軍戰車，達到預期效果。然而，這些重驅逐戰車生產數量實在太少，最終仍無法改變局面。

斐迪南式／象式

◉保時捷的重驅逐戰車開發之路

德國陸軍兵器局於1940年11月對保時捷公司下達開發Ⅵ號重戰車的命令，並決定改搭載當時反戰車攻擊中，發揮強大威力的8.8cm高射砲。56倍徑8.8cm KwK（戰車砲）與砲塔設計開發則由亨舍爾公司負責。在1941年5月26日的會議中，決議除了保時捷，亨舍爾也要參與Ⅵ號重戰車的開發。保時捷開發的車輛命名VK4501（P），亨舍爾的開發車輛則以VK4501（H）稱之。

1941年9月，德軍等不及車輛試作完成，便下達生產100輛VK4501（P）（除了此制式編號，亦被稱為虎P、虎P1和保時捷虎式）的命令，對此，亨舍爾也開始生產該款車輛要使用的裝甲板。隔年1942年4月20日終於完成VK4501（P）的試作車，但引擎及驅動系統卻遭遇諸多問題。截至同年7月僅完成5輛試作車生產之際，德軍決定停止開發該車款，最終只好全以亨舍爾的VK4501（H）作為Ⅵ號重戰車。

然而，亨舍爾早為VK4501（P）生產了100輛分的裝甲板，甚至已將這些裝甲板交到保時捷手上。1942年9月22日的會議中提到，為了有效運用VK4501（P）的裝甲板，決定開發能使用這些資材的重驅逐戰車（當時被作為重突擊砲）。接著，1943年2月6日決定以此車輛開發者斐迪南．保時捷（Ferdinand Porsche）為名，將制式名稱取作「斐迪南式」。

德國首輛重驅逐戰車「斐迪南式」在史上最大規模陸地之戰，也就是1943年夏天的庫斯克會戰初登場。斐迪南式在這場戰役中損失不超過40輛，反觀，被斐迪南式擊毀的蘇聯戰車數超過500輛。

◉首款重驅逐戰車「斐迪南式」

斐迪南式自1943年3月開始生產，截至1943年5月12日為止，總計生產1輛試作車與90輛量產車（製造編號150011～150100）。斐迪南式雖然直接沿用VK4501（P）的底盤，但將動力艙配置在駕駛艙後方，並於其後方設置戰鬥艙。據說設計初期原本計畫在車身前方裝設一體成型的傾斜裝甲，但考量這樣會使重量、製程增加，於是作罷。

驅動部分則與VK4501（P）一樣，皆採用混合動力模式，但引擎換成由梅巴赫製造的HL120TRM。動力艙配置2具同規格引擎，並裝載西門子．舒克特公司生產的電動機與發電機。原本的VK4501（P）設計實屬重型裝甲，但斐迪南式更加強化了裝甲規格。為了減少重量增加幅度，側面／背面裝甲雖然維持80mm厚，但裝甲厚度已達100mm的車身前方上半部及車身上方（駕駛艙）前側又加裝了厚100mm的裝甲板，將整體厚度強化為200mm。戰鬥艙正面為200mm厚，側面／背面則是80mm厚。戰鬥艙前方中間處搭載了71倍徑8.8cm戰車砲PaK43／2，如果是使用Pz.Gr.39／10被帽穿甲彈，在射程2000m、傾角（與垂直線構成的角度）30°的條件下，有機會擊穿132mm厚的裝甲板。

◉庫斯克會戰正式登場應戰

排除被生產作為測試用的1號車，所有的斐迪南式都編配給第653及第654重戰車驅逐營，自1943年7月5日起投入「堡壘行動」，也就是一般熟知的庫斯克會戰。在這場可說是處女秀的戰役中，斐迪南式幾乎沒有出現當初非常讓人詬病的驅動機構問題，在幅員遼闊的戰場上百分之百發揮了自己具備的攻擊力和防禦力。第653及第654重戰車驅逐營雖然總計損失了近40輛斐迪南式，但卻也狠狠擊破蘇聯超過500輛的戰車，損耗數量可是極為懸殊。

斐迪南式絕對稱得上是1943年當時威力最強大的戰鬥車輛，搭載的主砲甚至有機會擊破射程外的所有聯軍車輛。然而，以聯軍戰車的火力來說，根本不可能成功正面攻擊斐迪南式的裝甲。

◉改良型象式重驅逐戰車

在庫斯克會戰及後續戰役中倖存下來的斐迪南式全數被送回德國尼伯龍根工廠，從1943年12月起，開始進行修繕及改良作業。

斐迪南式根據過去的戰訓，進行了超過40項的改良。外觀主要變更項目如下：

- 於車身上方前面的右側增設前機槍。
- 廢除設置於左右兩側的Bosch防空燈。
- 於擋泥板前方加裝支架。
- 廢除車身上方側面最前端的駕駛手／無線電手窺視孔（焊接埋起）。
- 在駕駛手潛望鏡加裝窺視窗。
- 變更動力艙上方進氣柵門的形狀，左右兩側的排氣柵門則改成檢修門蓋形式。
- 戰鬥艙前方左右兩側加裝排雨條。
- 變更主砲基座的防盾安裝方式（正反顛倒）。
- 車長門蓋變更成可全周迴轉的砲塔設計。

●變更車載工具、備用履帶設置位置。

●變更工具箱設置位置（從車身右側前方移到車身後方排氣管護蓋背面）。

●導入新型履帶（帶有八字形止滑設計）。

●塗裝防磁紋塗層。

1944年2月底，制式名稱從原本的「斐迪南式」變為「象式」，並在同年3月中以前完成了48輛（說法不一）車輛的改良，搖身一變成為象式重驅逐戰車。

1943年底，德軍對斐迪南式進行改造，重新以象式之名登場。雖然有些戰史文獻對於斐迪南式／象式驅逐戰車的評價很低，但以戰場上的戰損比來看，它絕對是表現極為優異的驅逐戰車。

◉部隊配賦與變遷

當時德軍決定將改良型象式全部配給第653重戰車驅逐營，但1944年1月22日聯軍從安齊奧（Anzio）登陸，德軍只好在2月16日先將已經改良完成的11輛編制為第653重戰車驅逐營第1連，趕緊送往義大利。

剩餘車輛則在作業完成後的1944年4月2日配給同一營的第2及第3連，接著送往東部戰線。歷經激烈戰鬥消耗掉大量象式重驅逐戰車的第2連後來重新編組成第614重戰車驅逐連，並改為獨立運作。該連其後更挺過激烈的後退戰，將最後剩下的4輛象式重驅逐戰車投入柏林戰役中。另外，第653重戰車驅逐營第1連、第3連後來更成為裝備有獵虎式驅逐戰車的新編制第653重戰車驅逐營母體。

獵豹式

◉以豹式為基礎的驅逐戰車開發

德軍兵器局在1942年8月3日向戴姆勒賓士公司提出開發豹式戰車需求的同時，也要求該公司開發使用同款戰車底盤的驅逐戰車。雖然當時克虜伯公司也有提供設計作業的協助，但考量到戴姆勒的D型豹式戰車量產有些趕不上進度，於是在1943年5月24日決定，開發仍由戴姆勒主導，但MIAG公司（Mühlenbau und Industrie）需給予協助，量產則全由MIAG進行。

MIAG在1943年10月完成了試作1號車，隔年11月繼續完成2號車的試作，並於1943年11月29日決定將制式編號取名「獵豹式」（Jagdpanther）。

獵豹式以豹式戰車底盤為基礎開發而成，車身前方一體成型，設有戰鬥艙。車身前方亦設有變速箱，變速箱後方就是駕駛艙。艙內左邊為駕駛手席，右邊為無線電手席。駕駛艙後方的空間為戰鬥艙，中間搭載了主砲，左前方為砲手席，右邊為車長席，該空間的後方也配置了裝填手的座位。

獵豹式驅逐戰車全長9.87m（車身長度6.87m）、全寬3.42m、全高2.715m、重量45.5t。至於車身裝甲厚度的部分，車身及戰鬥艙前方上層為80㎜／70°（與垂直線構成的傾角。傾斜式設計能讓裝甲厚度相當於160㎜）、前方下層為50㎜／50°、側邊上層50㎜／40°、側邊下層40㎜／0°、戰鬥艙上面16㎜（從51號車生產開始增厚為25㎜）、戰鬥艙背面40㎜／35°、車身背面40㎜／30°、車底16㎜。

戰鬥艙正面搭載了克虜伯公司製造的71倍徑8.8㎝戰車砲PaK 43／3作為主砲。PaK 43／3能依不同攻擊目標，使用Pz.Gr.39／43被帽穿甲彈、Pz.Gr.40／43鎢芯穿甲彈、HIGr.39反戰車榴彈、Spr.Gr.43榴彈等多款彈藥。在面對傾斜30°的裝甲板時，若是發射Pz.Gr.39／43，射程100m的穿甲厚度為203㎜，射程500m為185㎜、射程2000m也都還能射穿132㎜厚的裝甲。若是發射威力更強大的Pz.Gr.40／43，在面對相同射程，傾斜30°的裝甲板時，則分別具備貫穿237㎜、217㎜、193㎜、153㎜厚度的能力。如前方所述，獵豹式驅逐戰車的裝甲防禦力極高，大多數的聯軍戰車（蘇聯JS-2重型坦克、M26潘興坦克、雪曼螢火蟲坦克或搭載同主砲的車輛除外）基本上都無法從正面將其擊破。

動力艙比照豹式戰車，中間一樣搭載了梅巴赫製造的HL230P30 V型12缸氣冷汽油引擎（最大輸出700hp），左右還配置了冷卻水箱及風扇。即便獵豹式驅逐戰車的噸位達45t，仍有55km/h的最大速度，續航力則為250km（皆以平整路面為前提），具備非常優越的機動性。

◉量產時的改良與部隊配賦

根據當時德軍的正式文件指出，符合豹式A型動力艙配置的車輛會歸類為獵豹G1型，符合1944年12月左右登場，豹式G型動力艙配置的車輛則會歸類為G2型。當時獵豹式驅逐戰車開始量產不過1年半的時間，就已進行多次改良及變更。生產時期可根據外觀特徵（多半會依主砲基座裝甲襯套的形狀），大致區分為早期型、中期型、後期型，但其實這並非德軍的正式用法，所以這些名稱只能說是戰後的戰車研究家和模型愛好者為了方便而冠上的稱號。

若從時間序列來探討量產經過及每個生產階段的主要改良與規格變更，可分成下面幾個階段。

■1943年12月　獵豹G1型

開始於MIAG生產。

■1944年1月〔早期型〕

完成最初的量產車（5輛）。

■1944年2月

將設置於戰鬥艙正面左側2座駕駛手潛望鏡中，比較靠近左邊那座廢除（用鋼板蓋住），僅保留右邊的潛望鏡。在車身背面中間的圓形檢修面板加裝拖車眼環板，接著再將裝設於門蓋的起重設備移到左右排氣管之間。

■1944年4月

廢除動力艙上面中間後半部的浮潛開口（以前僅用鋼板蓋住）。戰鬥艙上面左側後半部，也就是門蓋前方共設置3處可裝設雙眼式測距儀的器具。

■1944年5月

戰鬥艙正面左側，以前要給駕駛手使用的潛望鏡開口改成焊接固定的裝甲栓（以前僅用鋼板蓋住），並開始使用兩截式砲管（同年10月為止都還與舊式的一體成型砲管並用）。於戰鬥艙背面左側設置儲物箱。車身背面左邊的排氣管兩側加裝冷卻空氣進氣管。

■1944年6月

在戰鬥艙上面3處設置用來安裝2t吊架的圓柱狀基座（實際的設置時程延遲許多）。戰鬥艙上面左側開始裝配近迫防禦武器（最初其實就已經準備搭載，但由於供應不及，只能先以鋼板蓋住開口）。導入新型砲口制退器。防盾上方增設鎖付吊掛用吊環螺絲基座。動力艙上面的最後側增設拖車鋼纜扣具。

■1944年7月

從量產第51號車開始，將戰鬥艙上面16mm裝甲板增厚為25mm。戰鬥艙上面2處的乘員門蓋鑰匙孔增設為2個。

■1944年9月〔中期型〕

戰鬥艙正面主砲基座的裝甲襯套改成從外面鎖付螺絲的形式。廢除防磁紋塗層。這個時期起，更在前方機槍的球型固定座開口增加能夠防止彈跳的高低落差設計。

■1944年10月〔後期型〕

加大主砲基座的裝甲襯套（增厚下層，以防下方螺絲被彈襲）。車身背面裝設排氣管護罩。廢除車身後懸吊裝置。

■1944年11月

MNH（Maschinenfabrik Hannover；漢諾瓦工業機械製造公司）、MBA（Maschinenbau und Bahnbedarf）也投入生產。MNH製造的部分車輛（10輛）還於戰鬥艙上方前側裝設透氣孔護罩（標準是裝設在右側中央處附近）。

■1944年底左右

導入新型惰輪（其後開始與舊型並用）。廢除左邊排氣管兩側加裝的冷卻空氣進氣管。

■1944年12月　獵豹G2型

比照豹式G型，開始使用動力艙上面的面板（最明顯差異在於進氣／排氣柵門）。搭載G型儀表板的車輛稱為「G2」，這之前的車輛則稱為「G1」。於動力艙上面後側中央處設置進氣口。同一階段更在左側圓形排氣柵門上設置車內暖氣加熱空調（有些車輛則未裝設）。另更導入附避火消音器的排氣管（還是有很多僅裝配一般排氣管的車輛）。

■1945年2月之後〔最後期量產車〕

變更前機槍的球型固定座裝甲護罩形狀。考量車載工具的破損情況，將擺放位置從原本的戰鬥艙左右移至戰鬥艙背面、動力艙上面及車身背面（部分車輛更早前就已變更）。另外，還在動力艙上面的進氣／排氣柵門裝配防彈板。部分車輛則備有新型主動輪。

■1945年5月初期

隨終戰結束量產。根據記錄指出，截至戰爭結束前的4月為止，總計完成了415輛。針對上述各項改良與規格變更，各家工廠並非嚴格遵照軍方下達的指令作業，若廠內還有舊零件庫存，工廠會可能會先選擇用完庫存後，再切換成新零件，依產線狀況做調整。另外，即便是同個時期生產的車輛，MNH和MBA兩公司光是在各項規格上便可看出明顯差異。不僅如此，就算是修繕或檢修時，應該也可見新舊零件混用的情況。

獵豹式自1944年4月28日起開始配賦給第654重戰車驅逐營，其後在第559、第519、第560、第655、第563等各重戰車驅逐營也都可見其蹤影。

獵豹式驅逐戰車是以豹式戰車為基礎開發而成。加入斜面設計的車身／戰鬥艙搭載了跟斐迪南式／象式驅逐戰車相同系統的PaK 43/3。獵豹式驅逐戰車不僅具備絕佳的攻擊力和防禦力，機動性表現也很優異。聯軍也認為獵豹式是「二戰中最厲害的驅逐戰車」，給予極高評價。

獵虎式

◉德軍最強戰鬥車輛

1943年初，德軍前線部隊提出「搭載12.8cm砲彈的重型突擊砲」的開發需求。陸軍兵器局為了因應此需求，於是找來負責開發車身的亨舍爾公司和負責大砲開發的克虜伯公司，一起討論如何實現。1943年2月決議與虎Ⅱ戰車並行開發，同時投入「搭載了能從3000m遠距擊破蘇聯戰車的12.8cm砲彈之重型突擊砲」開發作業，亨舍爾公司也隨之啟動開發，並於1943年春天針對12.8cm重型突擊砲（後來的驅逐戰車）提出2個設計方案。

亨舍爾公司提出的第一個方案是將虎Ⅱ戰車車身拉長，並在車身中央配置戰鬥艙。第二個方案則是車身維持原設計，但引擎改置於車身前面，戰鬥艙設置於後面。經過雙重檢討後，發現第二個方案的優點雖然能連同砲管壓縮車身全長，但缺點是設計變更項目繁多，主砲位置更會使引擎更換作業變得困難，只好捨二擇一。1943年5月，兵器局第6課完成了12.8cm重型突擊砲的基本樣式，並將制式名稱取為「獵虎式」。

獵虎式雖然是將虎Ⅱ戰車的車身拉長，並於中央配置一個箱型大戰鬥艙，但為了確保主砲的俯角，車身前方（駕駛艙）上面大約低了5cm。車內配置部分，車身前方配有變速箱，變速箱後方就是駕駛艙。艙內左邊為駕駛手席，右邊為無線電手席。中間為戰鬥艙，車身後方則為動力艙。獵虎式驅逐戰車全長10.654m、全寬3.625m、全高2.945m、重量達75t。至於車身和戰鬥艙各處的裝甲厚度，車身正面上層為150mm／50°（與垂直線構成的傾角）、車身正面下層為100mm／50°、戰鬥艙正面250mm／15°、側邊上層80mm／25°、側邊下層80mm／0°、車身背面80mm／30°、戰鬥艙背面80mm／3°、上面及車底為40mm／90°。主砲為55倍徑12.8cm戰車砲PaK 44，實力凌駕虎Ⅱ戰車、象式和獵豹式的71倍徑8.8cm戰車砲，若使用Pz.Gr. 43穿甲彈，在射程2000m的條件下，也都還能射穿148mm厚的裝甲板。

引擎則與虎Ⅱ戰車一樣，使用由梅巴赫製造，最大輸出達700hp的HL230P30。懸吊裝置原本是打算直接沿用虎Ⅱ戰車的規格，但正在開發懸吊裝置的保時捷公司表示，自家產品的生產性不僅優於亨舍爾，成本也更低廉，德軍接受了保時捷的提議，於量產車分別裝配兩家公司的懸吊裝置，進行性能比較測試。

1944年2月完成的虎Ⅱ第1號戰車搭載保時捷的懸吊裝置，第2號車則使用虎Ⅱ戰車既有的亨舍爾懸吊裝置。以測試結果來看，2號車並未發現什麼問題，但1號車在低速運行時，履帶卻出現上下晃動的情形。保時捷認為問題在於使用的Gg24

／800／300履帶，於是將搭載了保時捷懸吊裝置的3號車換成象式戰車使用的Kgs64／640／130履帶，再次進行行駛測試。然而，即便換了履帶，問題還是沒有解決，所以只好按原定計畫，採用亨舍爾提供的懸吊裝置。

不過，當時保時捷已經準備好生產懸吊裝置，於是同年9月為止製造完成的10輛獵豹式（1號車及3～11號車）仍搭載了保時捷的懸吊裝置。第653重戰車驅逐營是配有獵豹式驅逐戰車的首支部隊，隊內同時擁有搭載保時捷懸吊裝置的車輛和搭載亨舍爾懸吊裝置的車輛（也就是保時捷型和亨舍爾型），共有6輛保時捷型。第12號車之後皆採用亨舍爾的懸吊裝置，並搭配Gg26／800／300履帶。

◉生產、改良與規格變更

獵豹式驅逐戰車原本是訂定第一次生產批量為150輛，其後月產50輛的生產計畫。但受到材料及人員不足、聯軍轟炸等因素影響，生產不如預期，截至終戰為止，產量可能不及82輛（正確數量不明）。也因為產量稀少，獵豹式驅逐戰車最後只配給第653和第512重戰車驅逐營2個大隊。

獵豹式驅逐戰車的生產期間極短，但量產過程中還是有進行下述幾項改良及規格變更。

■1944年2月

完成1號及第2號車生產。2車皆裝備18齒主動輪及Gg24／800／300履帶，但1號車採用保時捷懸吊裝置，2號車則是亨舍爾的懸吊裝置。

■1944年5月〔保時捷型〕

完成3號車生產。車身側面備有車載工具。戰鬥艙側面則擺放了備用履帶，並塗裝防磁紋塗層。

■1944年7月

從4號車起開始變更防盾形狀，於戰鬥艙上方周圍裝設固定遮蔽墊的小鉤子，戰鬥艙背面左上方則加裝了增設天線用的開口。

從5號車開始變更戰鬥艙正面突出結構的形狀，同時改變戰鬥艙正面下凹部分形狀。此外，安裝增設天線用的開口則是裝設長方形裝甲護罩。廢除車身背面的排氣管護罩。

■1944年8月

從9號車開始於車身正面加裝主砲固定用行軍鎖。削掉戰鬥艙後方左右側的上半部，加大後方視認潛望鏡的視線範圍（7～8月左右）。

■1944年9月之後
〔早期的亨舍爾型量產車〕

從12號車開始全數換成亨舍爾的懸吊裝置，履帶也一起更換成Gg26／800／300。廢除防磁紋塗層（已塗裝車輛約15輛）。在動力艙上面設置對空機槍架。

■1944年11月

廢除裝配於車身背面的千斤頂和千斤頂台座。

■1944年12月〔後期量產車〕

變更戰鬥艙側邊備用履帶架的配置（改成上下2列×3排，裝配6組履帶）。在戰鬥艙背面門蓋加裝把手。駕駛手／無線電手門蓋上方再增設2個把手。分別於第1側裙前方、第5側裙中間各加裝2個固定基座。於動力艙上面的檢修門蓋加裝止擋塊，中間後側的透氣孔則裝設裝甲護罩。左側圓形排氣柵門前後的吊掛鉤從原本的3個增加成4個，同時在右邊的排氣柵門外側追加4個履帶更換用鋼纜的扣具。動力艙前後左右四角設置燃油箱透氣管（之前僅設置於右後方）。

■1945年2月之後〔最後期量產車〕

戰鬥艙前後左右上面4個邊角、上面裝甲板4個位置增設用來安裝2t吊架的圓柱狀基座。前擋追加補強肋（變更為法蘭樣式）。車身背面中間處加裝大型拖拉機。

◉衍生型與計畫型

基礎車型的虎Ⅱ戰車生產延滯、聯軍對生產設施的轟炸，以及最重要的12.8cm戰車砲PaK 44生產延遲等因素，都使獵虎式驅逐戰車無法按計畫量產。為了因應希特勒接二連三的增產要求，1945年3月左右，德軍決議暫時搭載以獵豹式71倍徑8.8cm戰車砲PaK43／3修改設計而成的PaK43／3D。雖然現在已經找不到搭載8.8cm戰車砲的獵虎式驅逐戰車照片，但1945年4月之後確實有進行極少量的生產（據說是1～4輛）。

另外，1944年11月，克虜伯也曾提出將12.8cm戰車砲改成66倍徑，以拉長砲管提升火力的設計案，可惜只有留下簡單的概要圖，並無詳細說明，但據說當時預計要將戰鬥艙往後推出更大的空間，以避免發射時砲尾因為後座力碰撞到戰鬥艙後方。然而，變更後獵虎就會面臨無法確保搭載主砲的空間、機動性會變更差等諸多必須解決的問題，最終，長砲管型獵虎式驅逐戰車也僅是紙上談兵。

獵虎式驅逐戰車搭載12.8cm戰車砲，擁有最大厚度達250mm的堅固裝甲，更是二戰期間威力最強大的量產車款。獵虎的攻擊力和防禦力大幅凌駕虎Ⅱ戰車之上，可惜只生產82輛。在大戰末期的持久消耗戰中未能充分發揮自身具備的戰鬥力，即便被譽為最強車輛，獵虎式驅逐戰車最終仍無法對戰爭發展帶來影響。

斐迪南式／象式 塗裝＆標識

Ferdinand
1./ schwere Panzerjäger Abteilung 653, No.121
July 1943 Eastern Front/ Kursk

〔圖1〕

斐迪南式
第653重戰車驅逐營
第1連121號車

1943年7月　東部戰線／庫斯克會戰

基本色的RAL 7028暗黃色為底，再大致噴上RAL 6003橄欖綠的雙色迷彩。車身側面和背面的工具箱有國籍標識，戰鬥艙側面與背面左側則是用黑框線寫出砲號「121」（第653重戰車驅逐營所有車輛皆採用此法）。戰鬥艙背面右側畫有該驅逐營特有的部隊識別標誌，大方形代表所屬連（白色為第1連），小方形為所屬排（紅底白框為第2排）。另外也可看見其他車輛跟這輛一樣，大方形裡畫了斜線或十字線，代表此車為排長車或連長車。

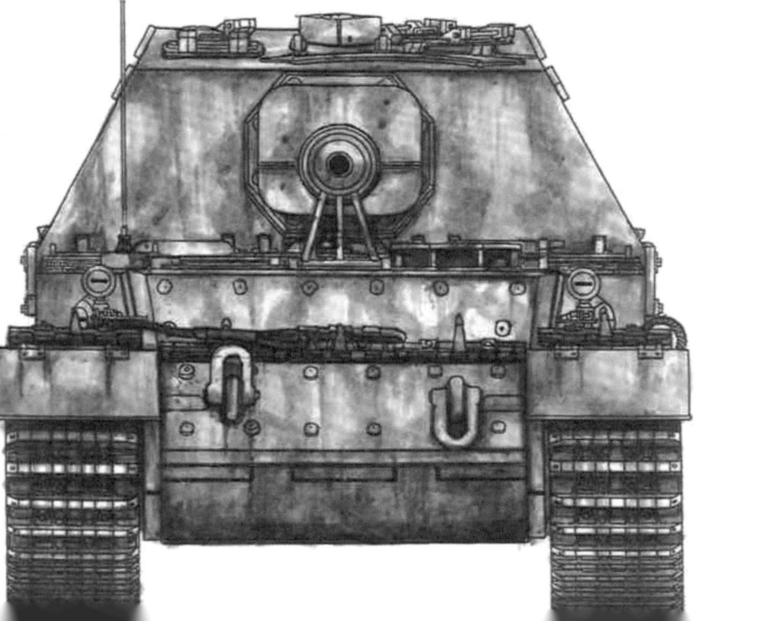

Ferdinand

3./ schwere Panzerjäger Abteilung 653, No.312
July 1943 Eastern Front/ Kurska

〔圖2〕

斐迪南式
第653重戰車驅逐營
第3連312號車

東部戰線／庫斯克會戰

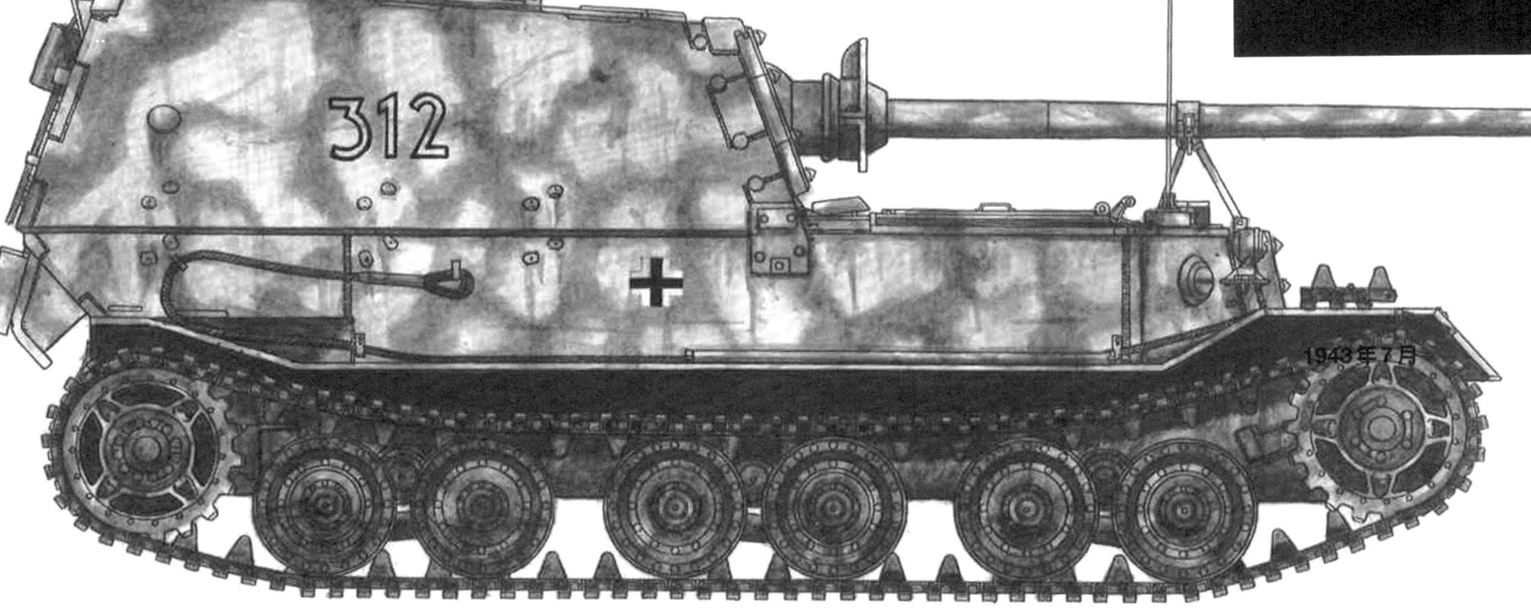

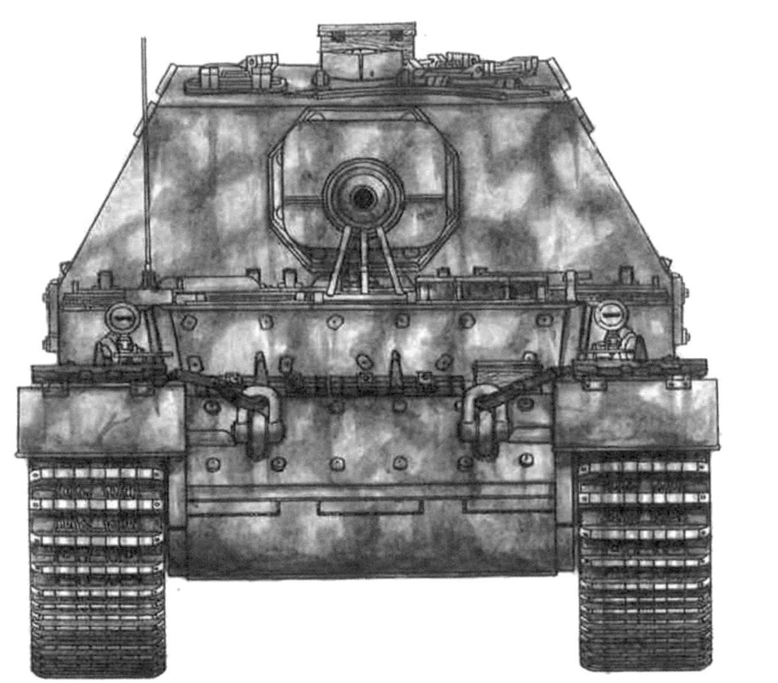

塗裝是以基本色的RAL 7028暗黃色為底，再用RAL 6003橄欖綠噴出大網目模樣，做成雙色迷彩造型。僅在車身側面畫上國籍標識的德軍樑狀十字徽，以及戰鬥艙側面、背面左側用黑框線寫出砲號「312」。戰鬥艙背面右側則有部隊識別標誌（黃色大方形＝第3連、白色小方形＝第1排）。

〔圖1〕

斐迪南式 第653重戰車驅逐營 第1連121號車

Ferdinand 1./ schwere Panzerjäger Abteilung 653, No.121

配賦部隊時追加防盾（標準裝備）。

車身各部位特色

從工廠落地後，裝備可拆成2片式的防盾（標準化）。第653重戰車驅逐營所屬車輛配賦給部隊後，還變更了工具箱（車身右側前方→車身背面排氣管護罩上方）、千斤頂與千斤頂台座（車身前方上面→車身背面）、鐵鎚（車身左側前方→戰鬥艙背面右側）的裝配位置。

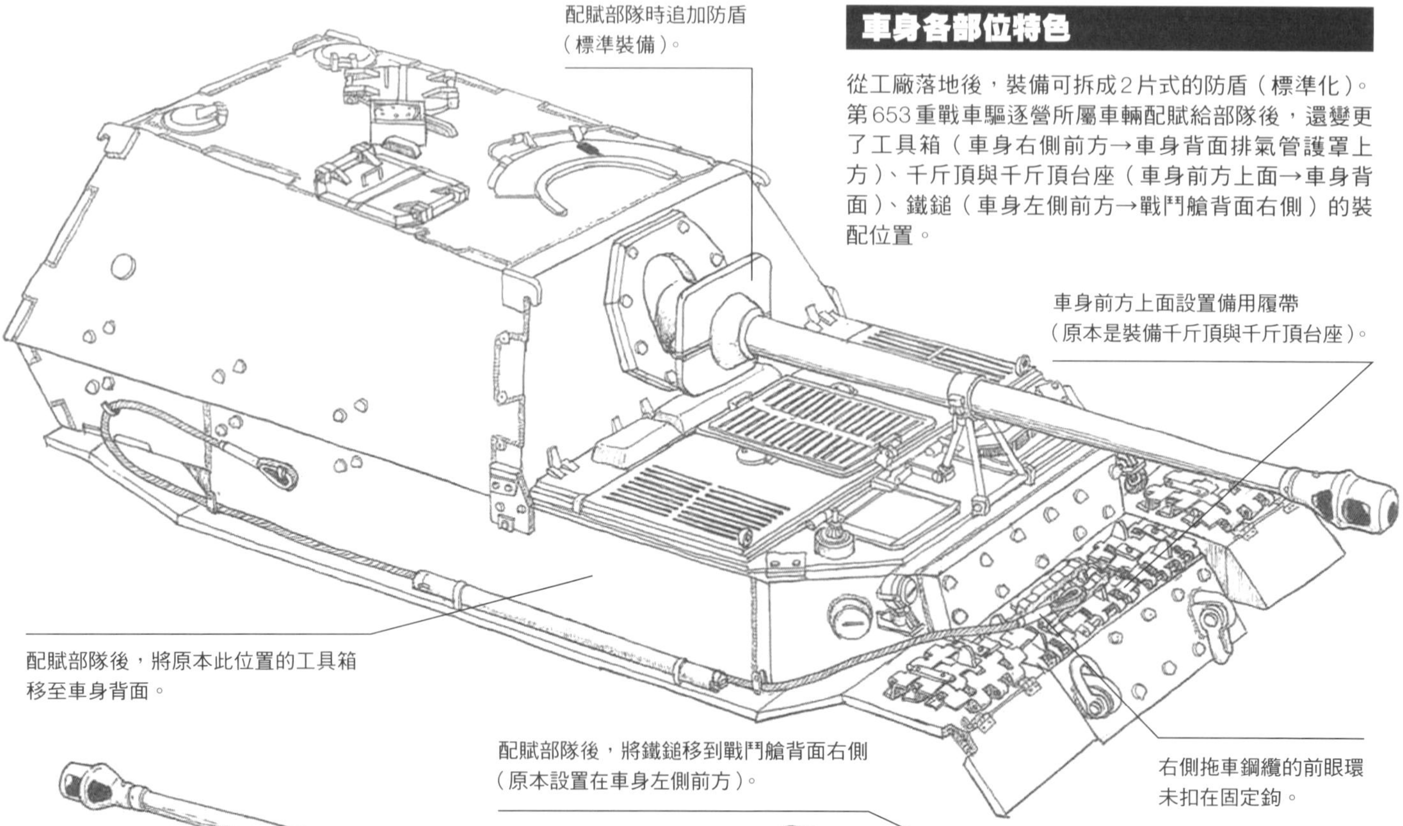

車身前方上面設置備用履帶（原本是裝備千斤頂與千斤頂台座）。

配賦部隊後，將原本此位置的工具箱移至車身背面。

配賦部隊後，將鐵鎚移到戰鬥艙背面右側（原本設置在車身左側前方）。

右側拖車鋼纜的前眼環未扣在固定鉤。

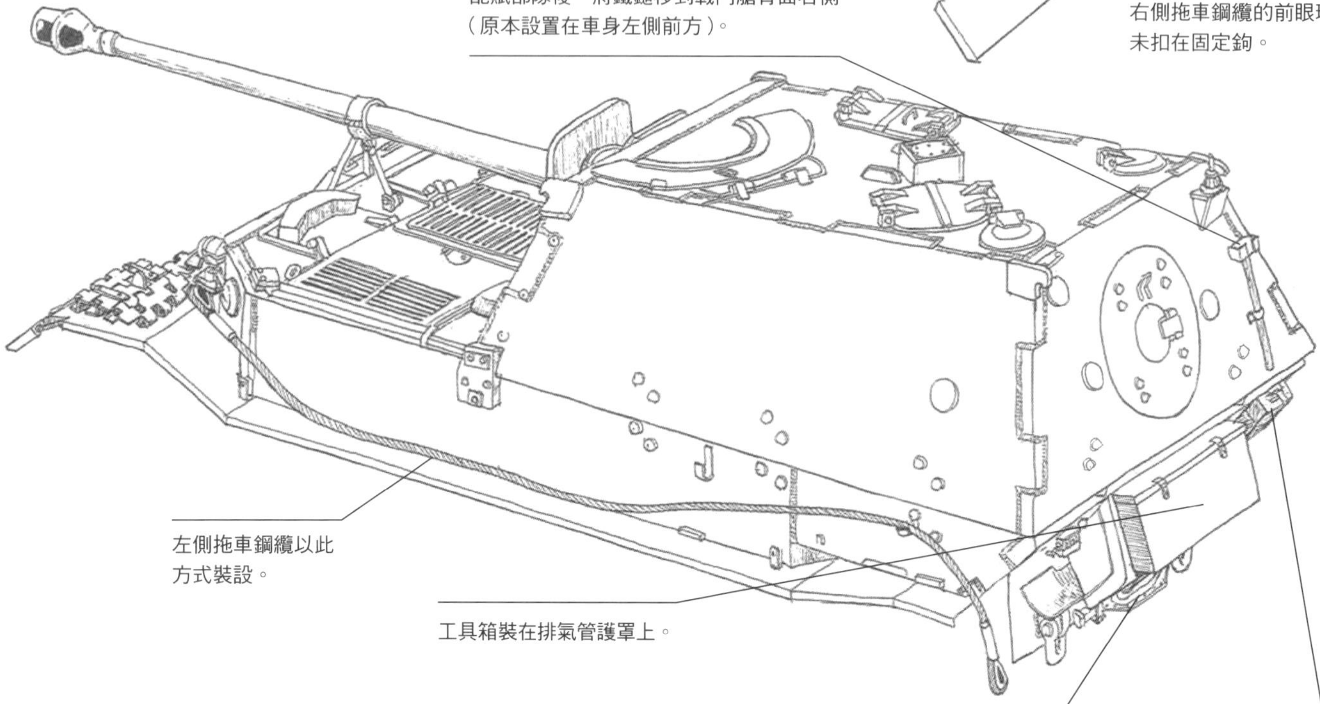

左側拖車鋼纜以此方式裝設。

工具箱裝在排氣管護罩上。

配賦部隊後，把千斤頂移到排氣管下方。

同樣在配賦部隊後，將千斤頂台座移到此處（原本在車身前方上面的左側）。

121號車的車身背面

第653重戰車驅逐營有將部分車輛的外裝備品移至車身及戰鬥艙背面。每輛車的規格不盡相同，但大多數都像121號車一樣，將工具箱裝在排氣管護罩上，千斤頂台座改放到工具箱右邊，千斤頂則是移到車身背面的下方。

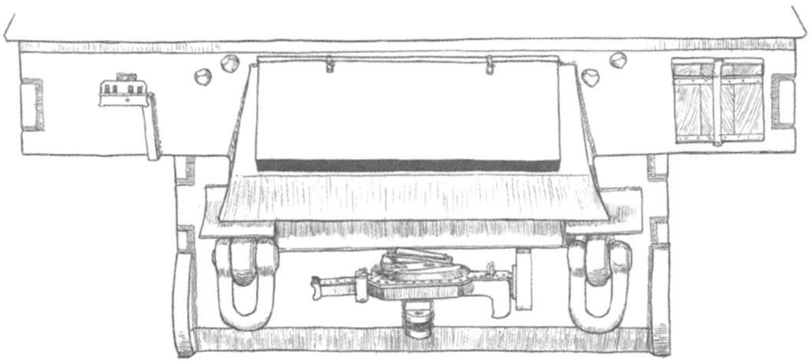

斐迪南式履帶

使用Kgs62／640／130履帶。交錯連接了有中心導板（center guide）的履帶板和無中心導板的履帶板。

〔圖2〕

斐迪南式 第653重戰車驅逐營 第3連312號車

Ferdinand 3./ schwere Panzerjäger Abteilung 653, No.312

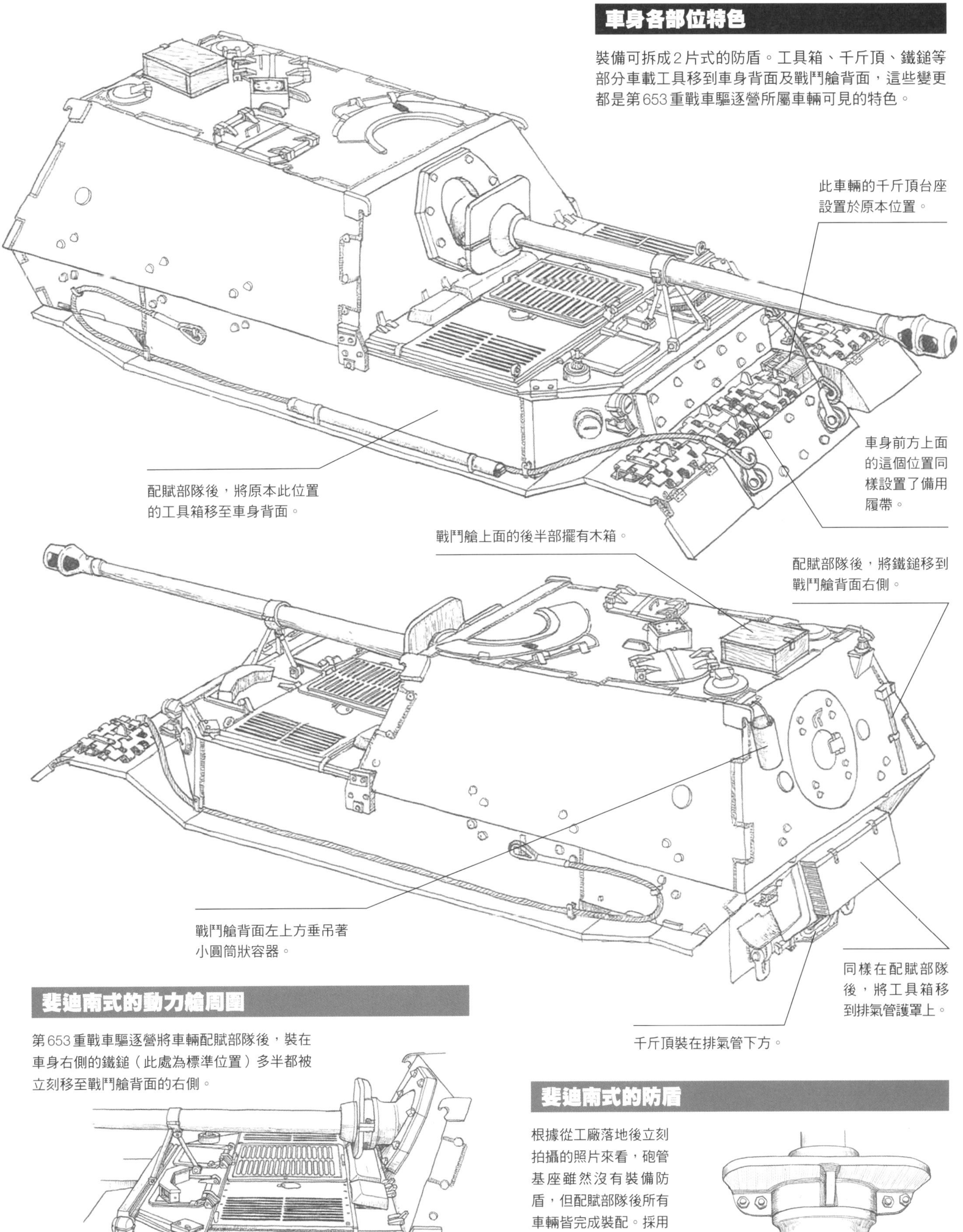

車身各部位特色

裝備可拆成2片式的防盾。工具箱、千斤頂、鐵鎚等部分車載工具移到車身背面及戰鬥艙背面，這些變更都是第653重戰車驅逐營所屬車輛可見的特色。

斐迪南式的動力艙周圍

第653重戰車驅逐營將車輛配賦部隊後，裝在車身右側的鐵鎚（此處為標準位置）多半都被立刻移至戰鬥艙背面的右側。

斐迪南式的防盾

根據從工廠落地後立刻拍攝的照片來看，砲管基座雖然沒有裝備防盾，但配賦部隊後所有車輛皆完成裝配。採用可拆成上下2片的防盾板，並以螺絲固定。

Ferdinand

3./ schwere Panzerjäger Abteilung 653, No.324
July 1943 Eastern Front/ Kursk

〔圖3〕

斐迪南式
第653重戰車驅逐營
第3連324號車

1943年7月　東部戰線／庫斯克會戰

基本色的RAL7028暗黃色為底，再以RAL6003橄欖綠噴上直粗線條的雙色迷彩。車身側面和背面的工具箱有國籍標識的德軍樑狀十字徽，戰鬥艙側面與背面左側則和同驅逐營的其他車輛一樣，用黑框線寫出砲號「324」。戰鬥艙背面右側的部隊識別標誌組合是代表第3連的黃色大方形與代表第2排的紅色小方形（兩者皆為白框）。

Ferdinand

Stab./ schwere Panzerjäger Abteilung 654, No.II02
July 1943 Eastern Front/ Kursk

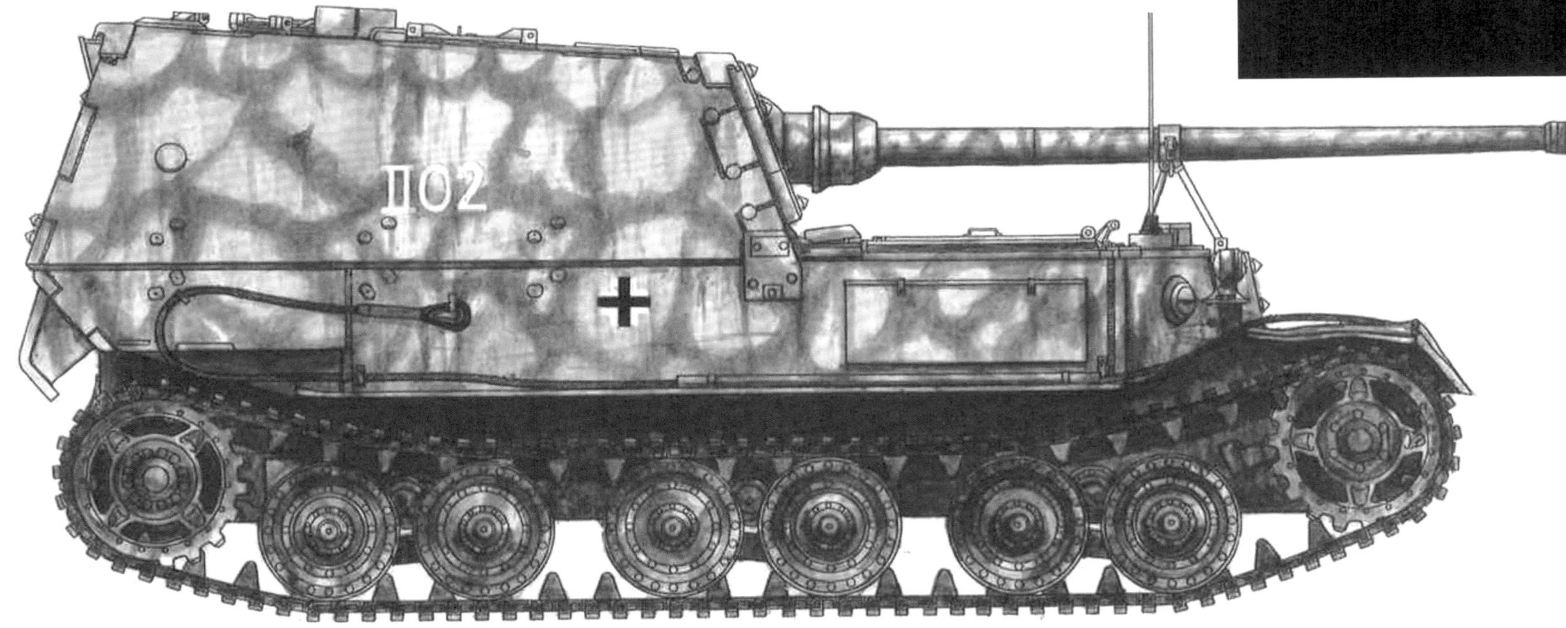

〔圖4〕

斐迪南式
第654重戰車驅逐營
本部Ⅱ02號車

1943年7月　東部戰線／庫斯克會戰

以基本色的RAL 7028暗黃色為底，再用RAL 6003橄欖綠噴出長頸鹿花紋的雙色迷彩造型塗裝。車身側面和背面排氣管護罩畫有國籍標識的德軍樑狀十字徽，砲號「Ⅱ02」則以白漆畫在戰鬥艙側面與背面中間偏下的位置。

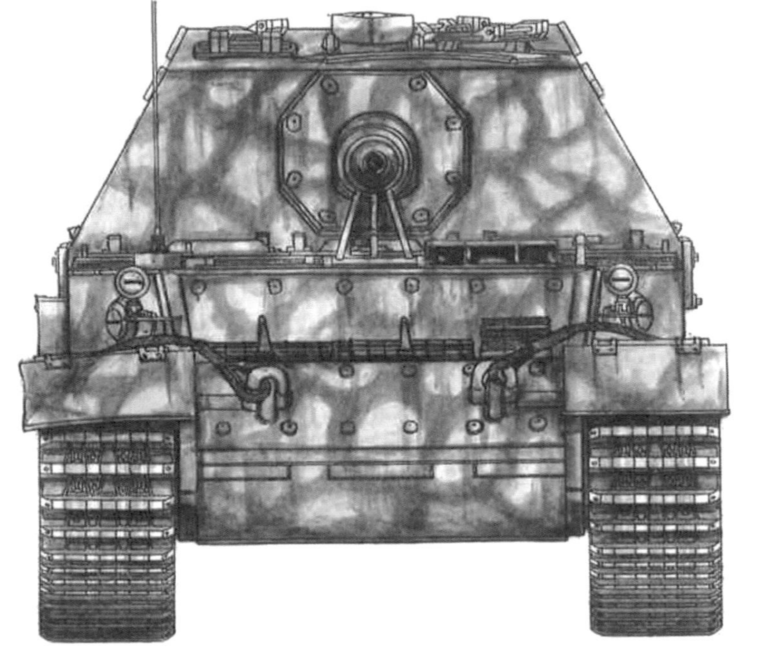

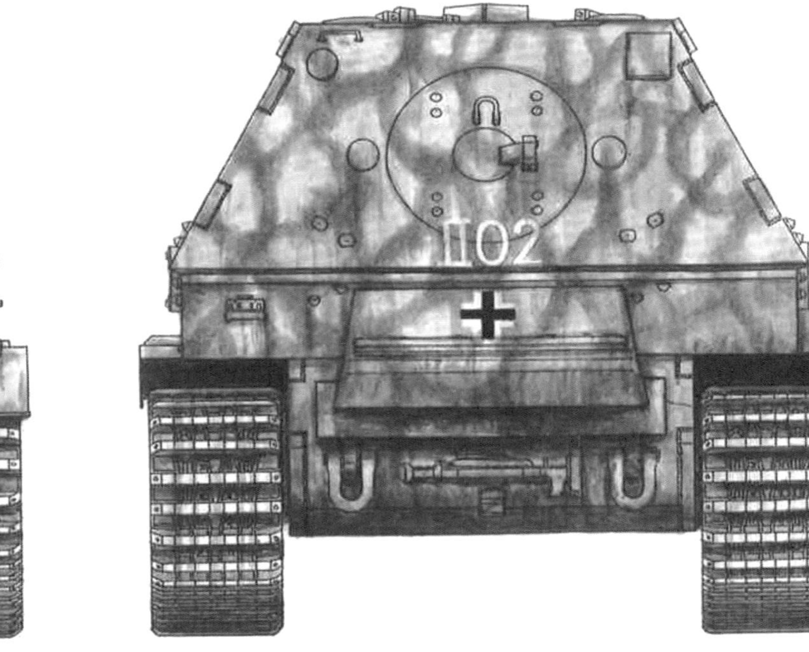

〔圖3〕

斐迪南式 第653重戰車驅逐營 第3連324號車

Ferdinand 3./ schwere Panzerjäger Abteilung 653, No.324

車身各部位特色

無論是工具箱，還是千斤頂、千斤頂台座及鐵鎚，此車跟第653重戰車驅逐營其他車輛一樣，都將這些工具移到車身及戰鬥艙背面。

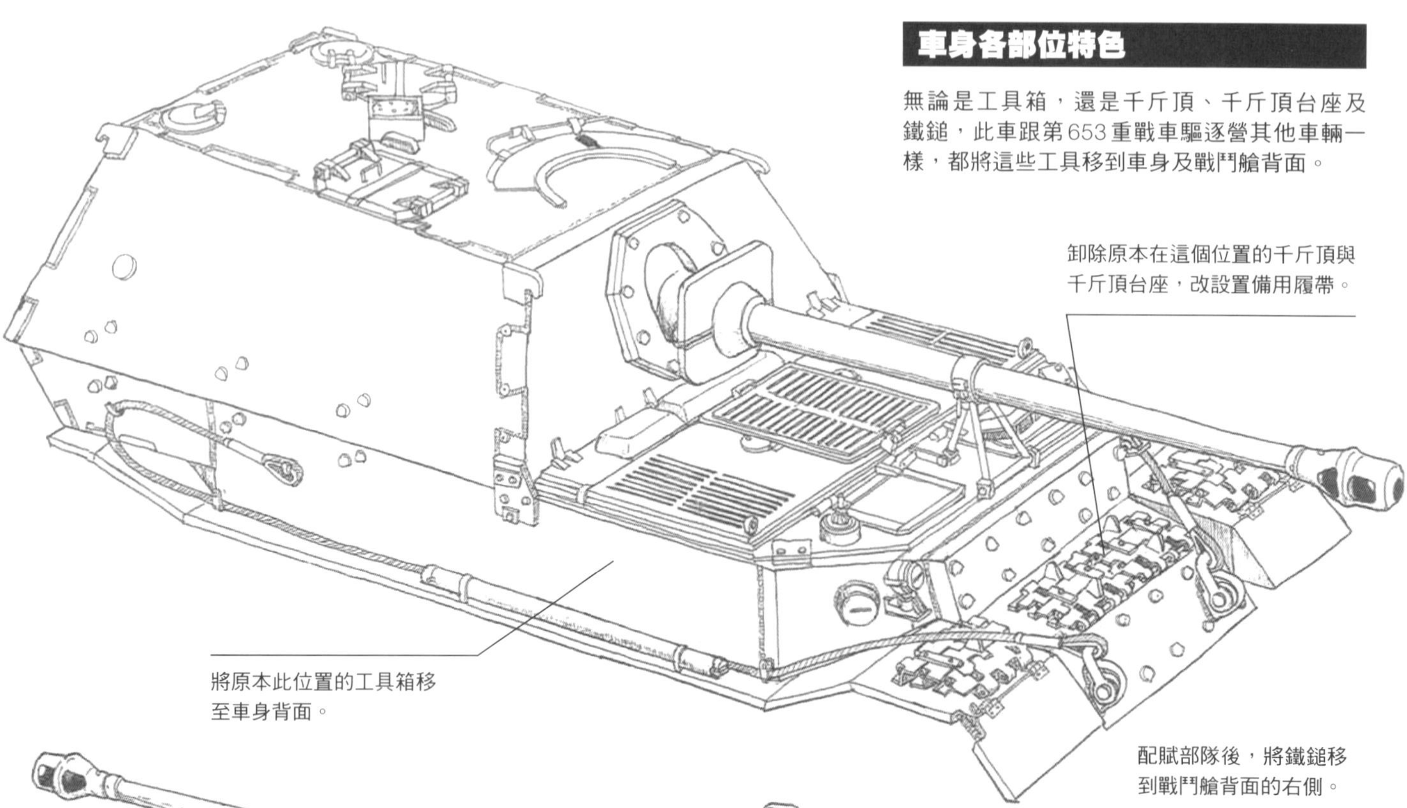

卸除原本在這個位置的千斤頂與千斤頂台座，改設置備用履帶。

將原本此位置的工具箱移至車身背面。

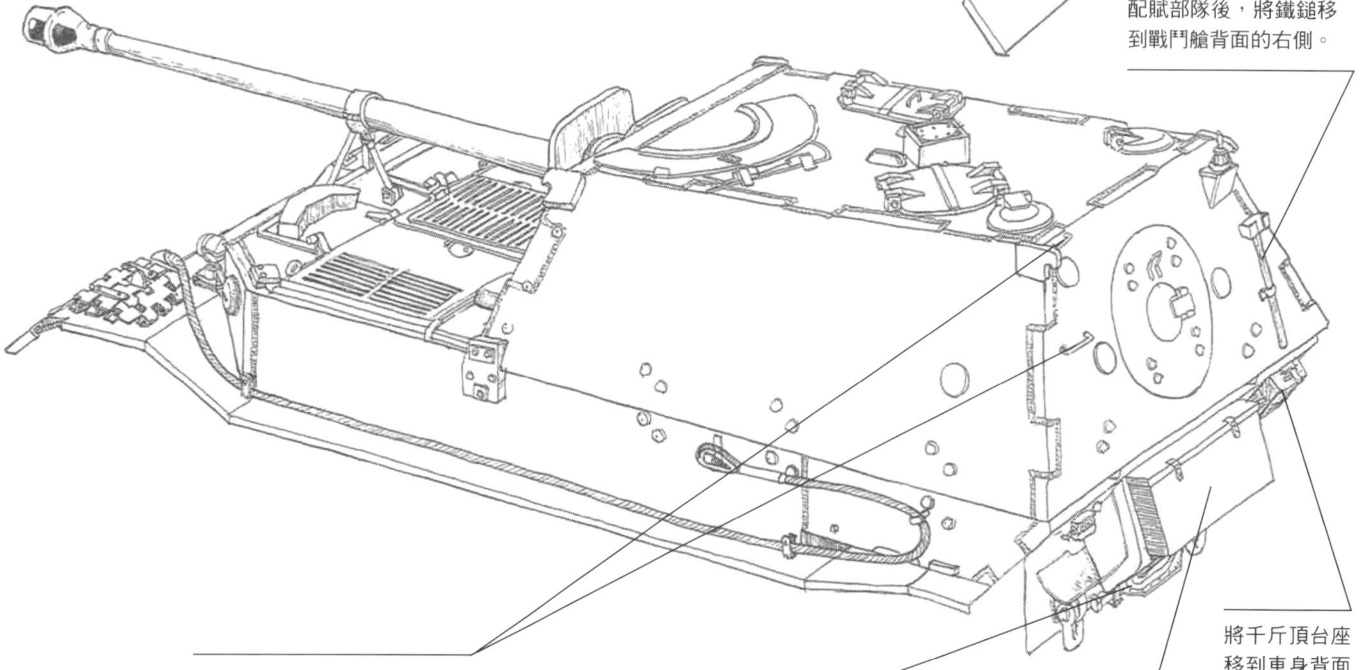

配賦部隊後，將鐵鎚移到戰鬥艙背面的右側。

在戰鬥艙左側2處設置把手。

同樣在配賦部隊後，將千斤頂台座移到此處。

工具箱裝配在車身背面的排氣管護罩上。

將千斤頂台座移到車身背面的右側。

斐迪南式的戰鬥艙背面

【配賦部隊時】

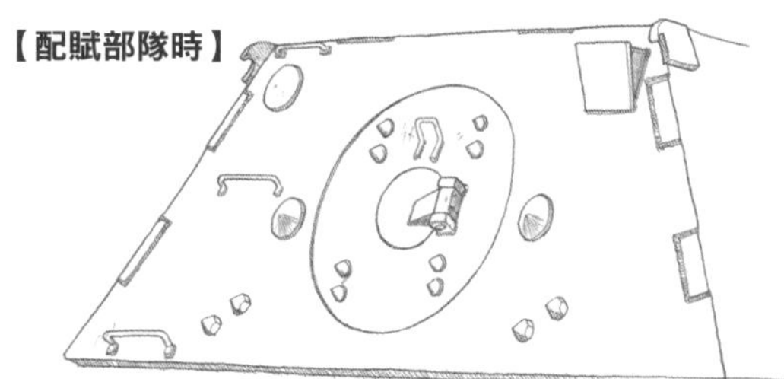

在戰鬥艙背面左側上下3處加裝把手。

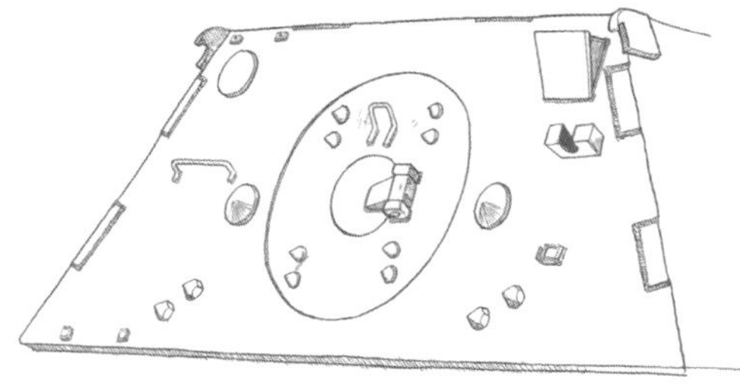

【配賦部隊後】

戰鬥艙背面3處加裝把手後，會增加蘇聯軍攀爬上戰車的風險，於是德軍選擇拆掉多數車輛的部分或所有把手。圖為保留中間，拆除上下把手的狀態。另外，將固定鐵鎚的扣具移到戰鬥艙右側天線基座下方似乎也成了第653重戰車驅逐營車輛的標配。

〔圖4〕

斐迪南式 第654重戰車驅逐營 本部Ⅱ02號車

Ferdinand Stab./ schwere Panzerjäger Abteilung 654, No.II02

車身各部位特色

主砲基座未裝備防盾。第654重戰車驅逐營這輛車的情況雖然不及第653重戰車驅逐營的車輛，但部分車載工具還是有移到其他位置。

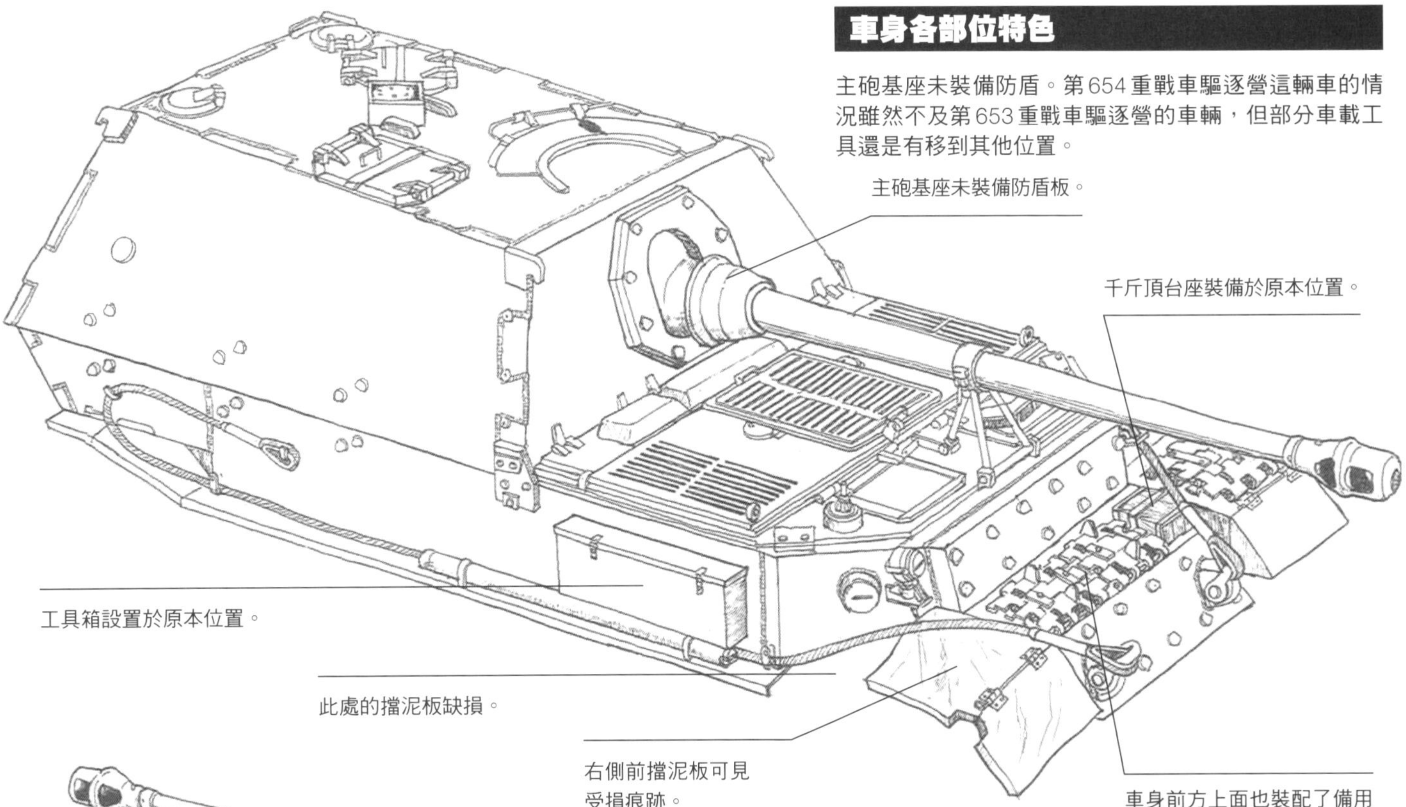

主砲基座未裝備防盾板。

千斤頂台座裝備於原本位置。

工具箱設置於原本位置。

此處的擋泥板缺損。

右側前擋泥板可見受損痕跡。

車身前方上面也裝配了備用履帶（履帶板3片×2組）。

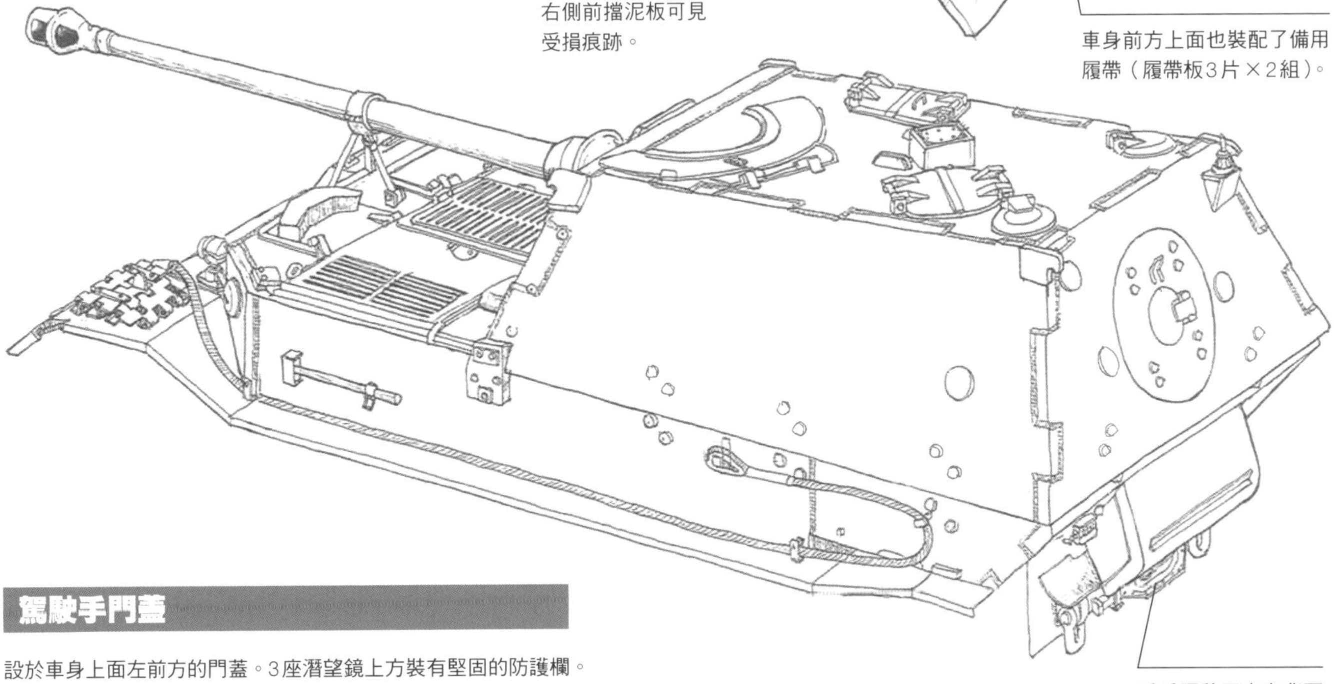

千斤頂移至車身背面排氣管下方。

駕駛手門蓋

設於車身上面左前方的門蓋。3座潛望鏡上方裝有堅固的防護欄。

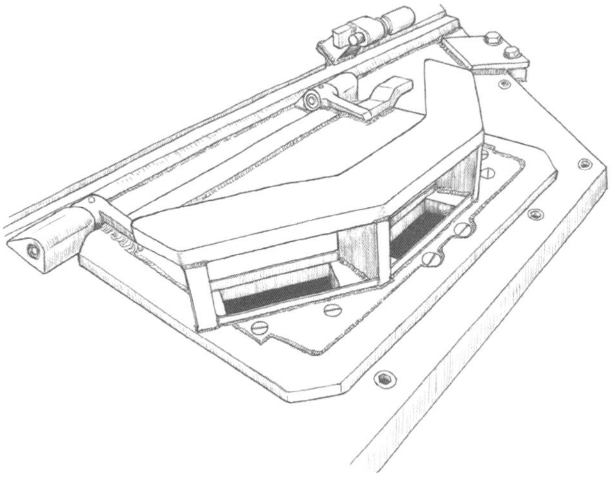

車身前方上面區域

圖為配賦部隊時的狀態。擋泥板上設置了備用履帶。千斤頂和千斤頂台座雖然設置在前方上面，但配賦軍隊後多半移到車身背面，許多車輛則會把這多出的空間擺放備用履帶。

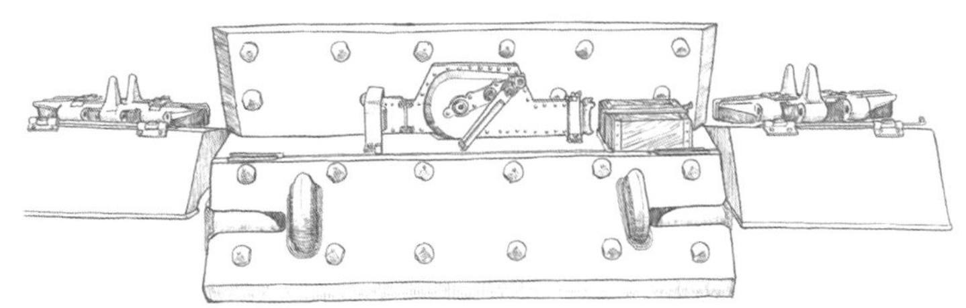

Ferdinand

Stab./ schwere Panzerjäger Abteilung 654, No.II03
July 1943 Eastern Front/ Kursk

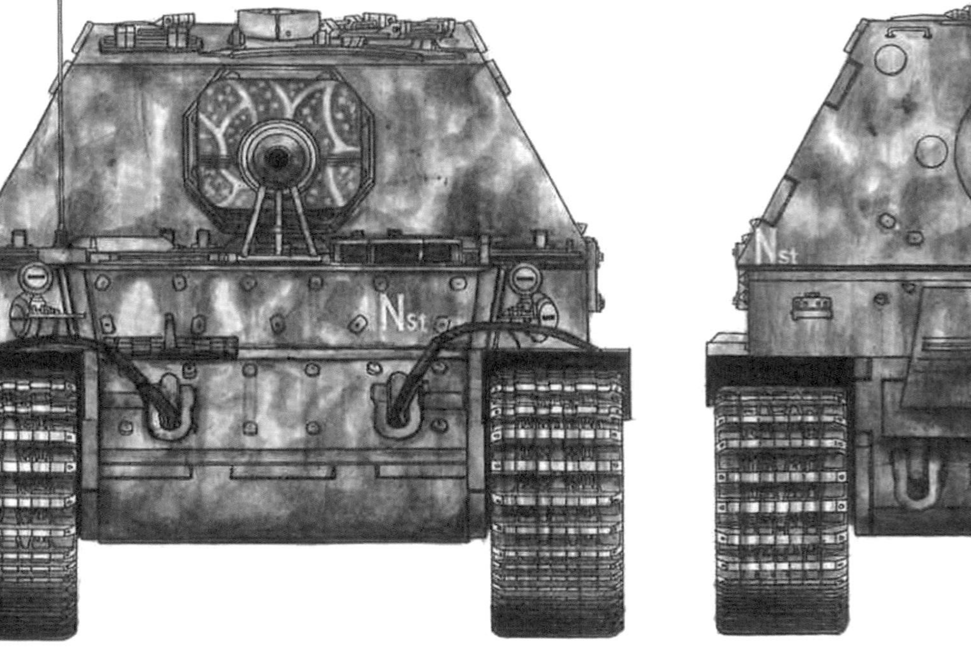

〔圖5〕

斐迪南式
第654重戰車驅逐營
本部 II 03號車

1943年7月　東部戰線／庫斯克會戰

塗裝是以基本色的RAL7028暗黃色為底，再用RAL6003橄欖綠噴出不規則的網目模樣，做成雙色迷彩造型。唯獨防盾的迷彩樣式跟車身不同。車身側面與背面排氣管護罩畫有國籍標識，戰鬥艙側面與背面中間偏下的位置則用白漆寫了砲號「II 03」。車身上半部（駕駛艙）前方左側與戰鬥艙背面左下角則寫了白色的「Nst」字樣。「N」是營長諾雅克（Karl-Heinz Noak）上尉的姓名字首，「st」則是指隸屬驅逐營本部。

Ferdinand

Stab 1./ schwere Panzerjäger Abteilung 654, No.501

July 1943 Eastern Front/ Kursk

〔圖6〕

斐迪南式
第654重戰車驅逐營
第1連本部501號車

1943年7月　東部戰線／庫斯克會戰

此為第1連本部魏爾德（Wilde）中尉搭乘的車輛。塗裝以基本色的RAL7028暗黃色為底，再用RAL6003橄欖綠噴出長頸鹿花紋（大網目）的雙色迷彩造型塗裝。車身側面和背面排氣管護罩同樣畫有國籍標識，戰鬥艙側面與背面中間偏下的位置則以白漆寫了砲號「501」。左擋泥板前半部和戰鬥艙背面左下角僅用白漆寫了「N」，代表驅逐營營長諾雅克上尉姓名的字首。

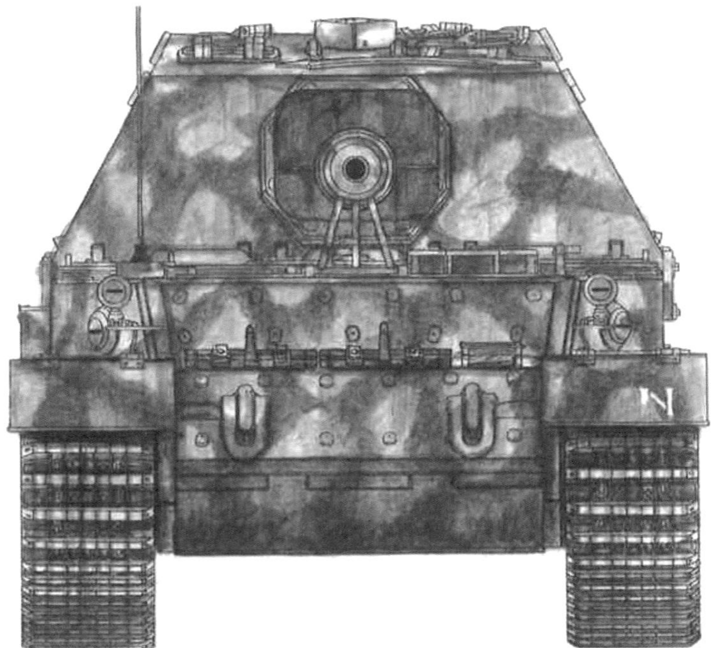

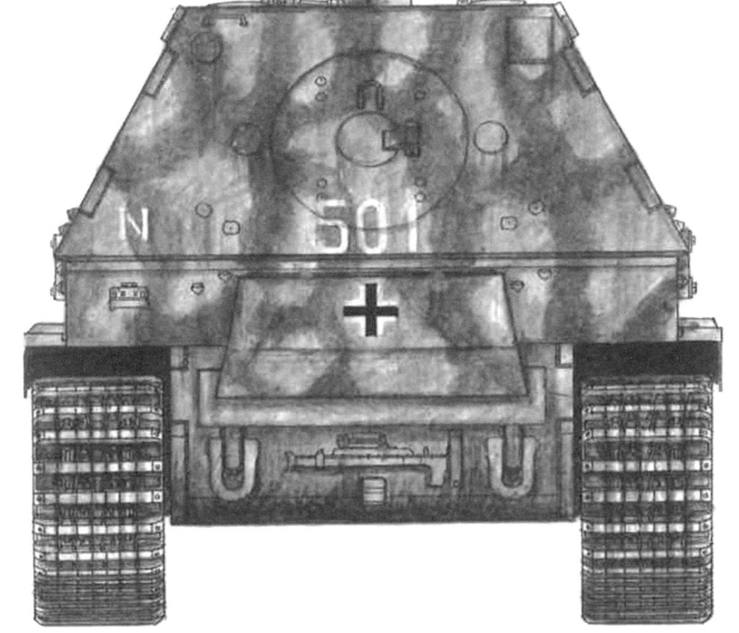

〔圖5〕

斐迪南式 第654重戰車驅逐營 本部II 03號車

Ferdinand Stab./ schwere Panzerjäger Abteilung 654, No.II03

車身各部位特色

第654重戰車驅逐營的車輛配賦給部隊後，規格變更項目其實不多。跟此車一樣，變更車載工具和裝備品設置位置的數量僅佔少數。此車特徵在於擋泥板可見受損或缺損痕跡。

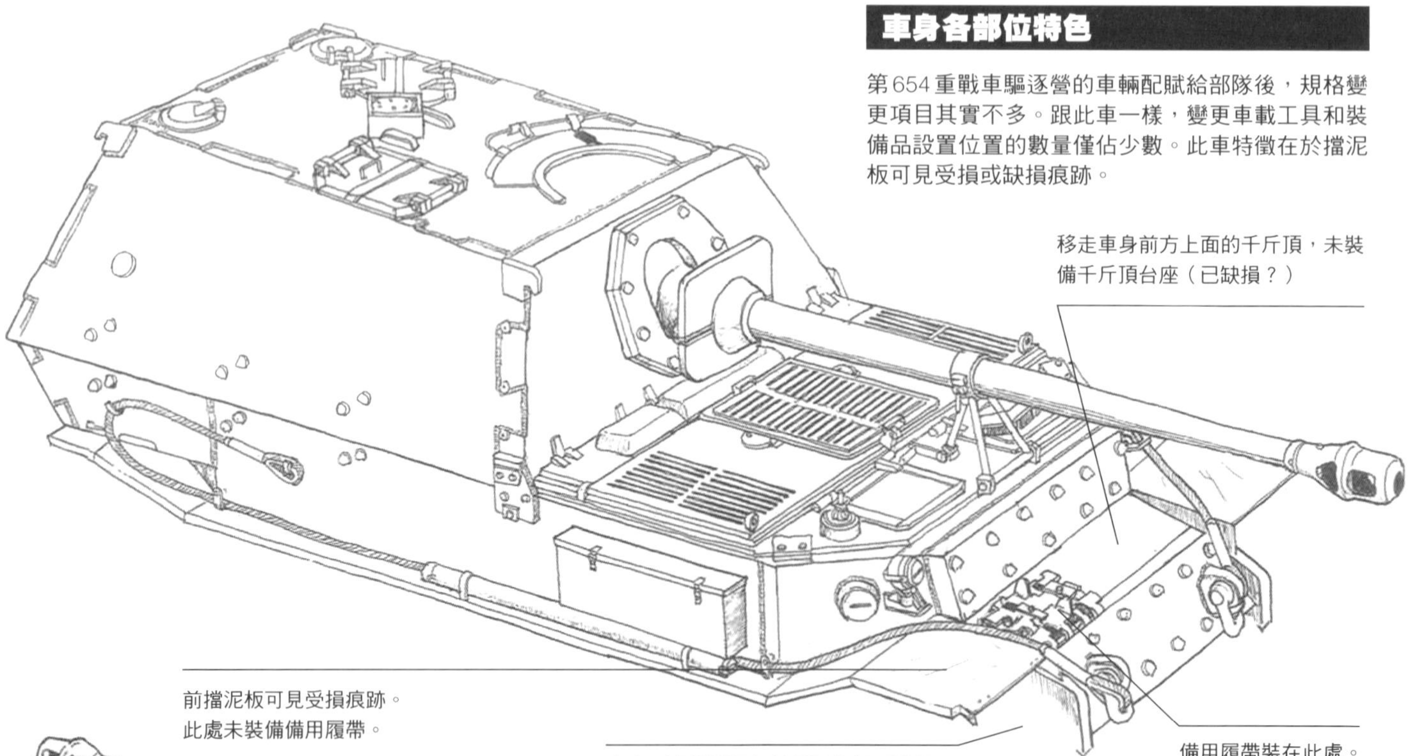

移走車身前方上面的千斤頂，未裝備千斤頂台座（已缺損？）

前擋泥板可見受損痕跡。
此處未裝備備用履帶。

左右兩邊的擋泥板前側零件都已缺損。

備用履帶裝在此處。

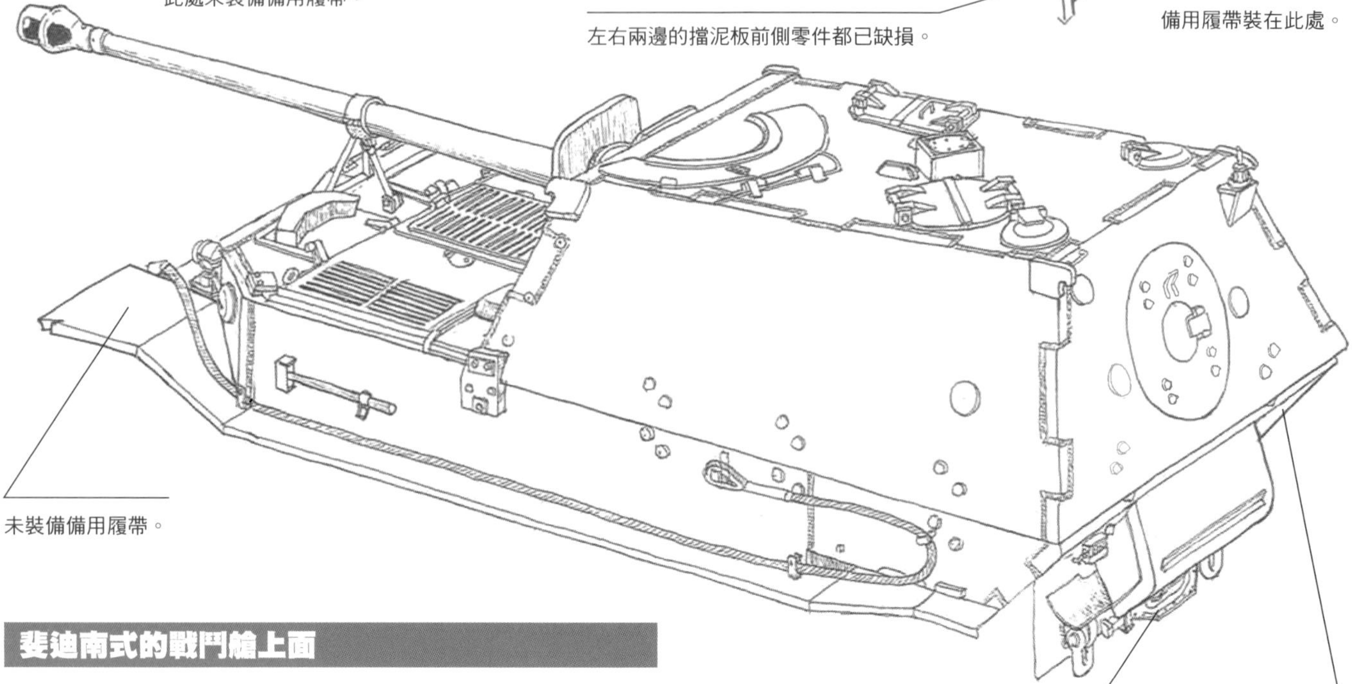

未裝備備用履帶。

千斤頂移至排氣管護罩下方。

車身背面右側的位置也看不見千斤頂台座。

斐迪南式的戰鬥艙上面

圖中靠近手邊的部分相當於前方。由前往後設置了備有望遠鏡式的瞄準鏡滑蓋，護罩後方右側（圖中左側）為車長門蓋，中間是換氣鼓風機及其裝甲蓋，左後方為砲手門蓋，最後方的左右兩側設有潛望鏡的圓形門蓋。

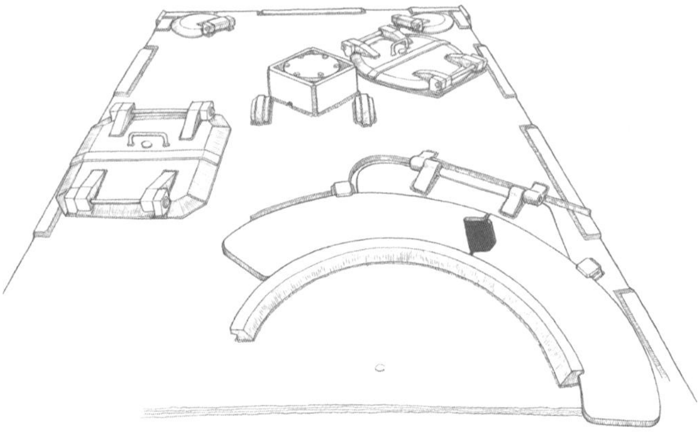

斐迪南式的承載輪

承載輪為2個一組，第1、第2轉向架如圖所示，會將車輪轂外凸的承載輪配置於前方，但只有第3轉向架方向顛倒，車輪轂外凸的承載輪反而是放在後方。

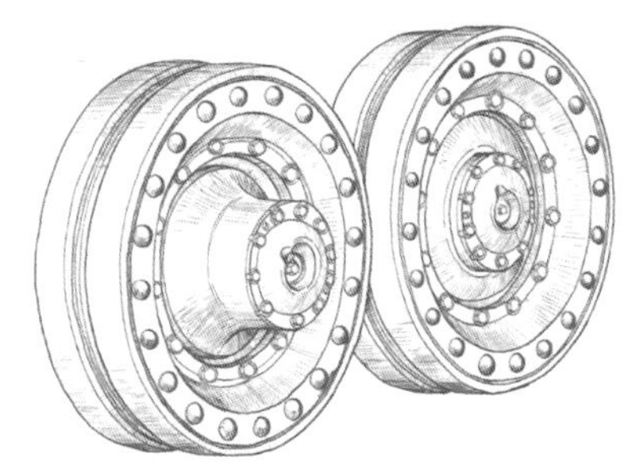

〔圖6〕

斐迪南式 第654重戰車驅逐營 第1連本部501號車

Ferdinand Stab 1./ schwere Panzerjäger Abteilung 654, No.501

車身各部位特色

此車在1943年7月的庫斯克會戰時遭蘇聯軍擄獲，於庫賓卡兵器測試場經調查測試後，就被作為展示車放在庫賓卡戰車博物館。目前展示於「俄羅斯愛國者公園」（Patriot Park）軍事博物館。

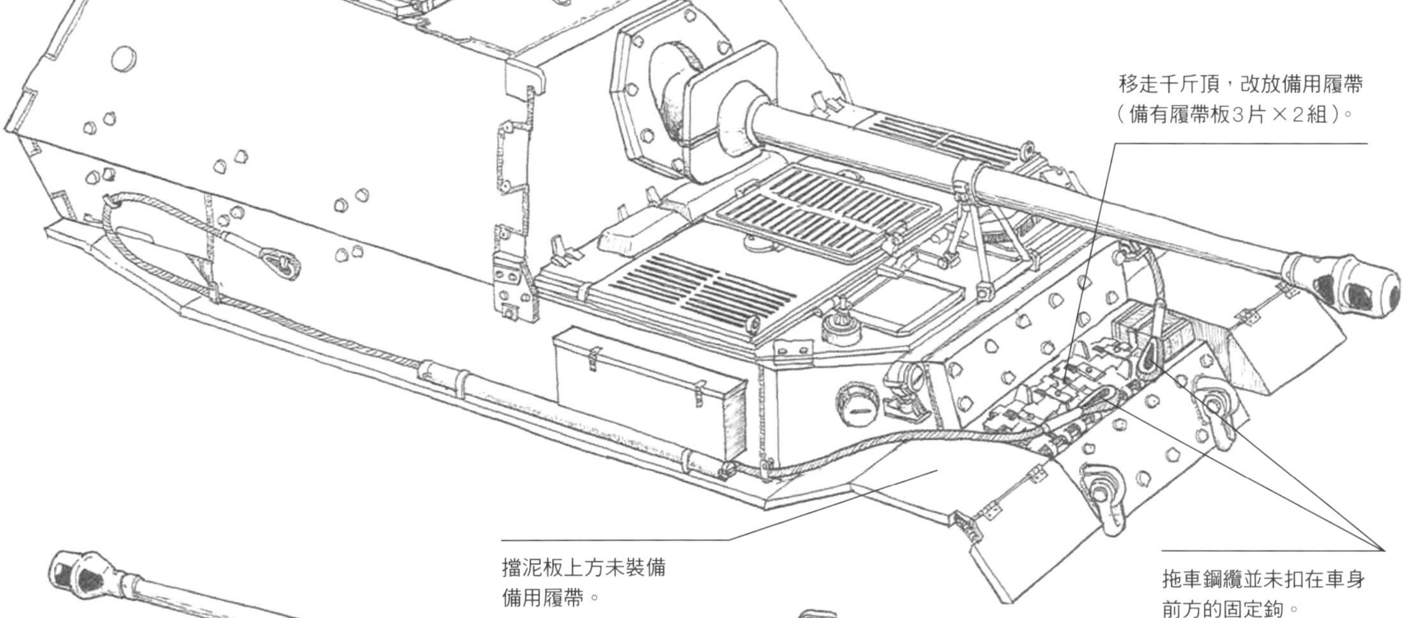

移走千斤頂，改放備用履帶（備有履帶板3片×2組）。

擋泥板上方未裝備備用履帶。

拖車鋼纜並未扣在車身前方的固定鉤。

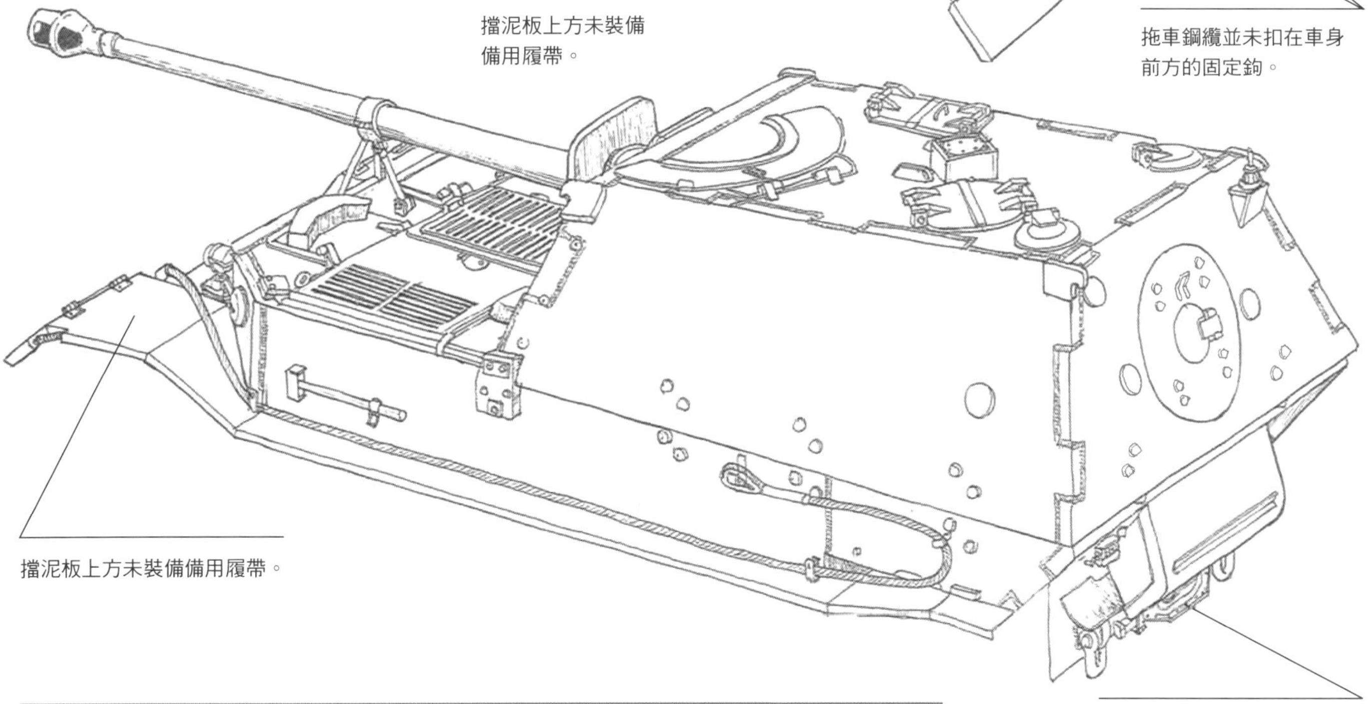

擋泥板上方未裝備備用履帶。

千斤頂設置在車身背面下方。

斐迪南式的車身背面

501號車的千斤頂雖然設置在車身背面的下半部，但從排氣管護罩上方留下的扣具便可得知，以前千斤頂是裝在排氣管之上。護罩的排氣孔則裝有金屬網。

【501號車的車身背面】

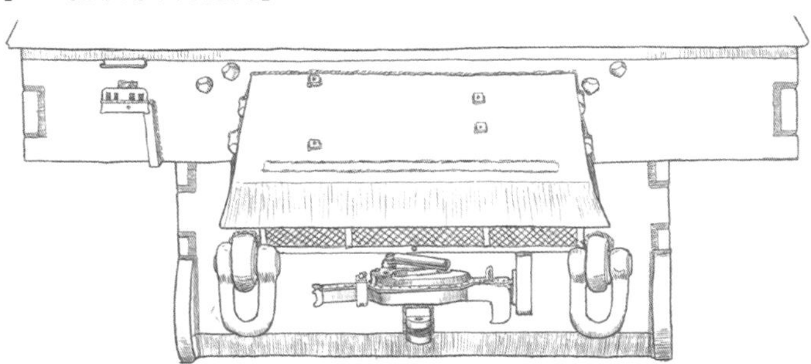

【配賦部隊前的車身背面】

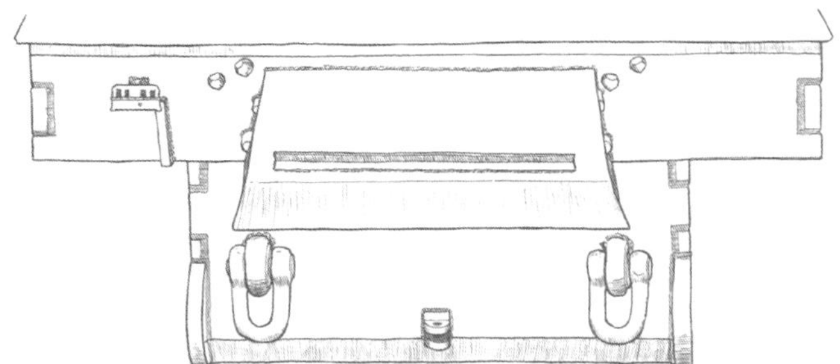

Ferdinand
Stab 1./ schwere Panzerjäger Abteilung 654, No.502
July 1943 Eastern Front/ Kursk

〔圖7〕

斐迪南式
第654重戰車驅逐營
第1連本部502號車

11943年7月　東部戰線／庫斯克會戰

此車輛也是以基本色的RAL7028暗黃色為底，再用RAL6003橄欖綠噴出長頸鹿花紋（網目會比圖6的501號車更細）的雙色迷彩造型塗裝。車身側面和背面排氣管護罩畫有國籍標識的德軍樑狀十字徽，戰鬥艙側面與背面中間偏下的位置則以白漆寫了砲號「502」。以第654重戰車驅逐營來說，第1連的砲號是5〇〇、第2連是6〇〇、第3連則是7〇〇。

Ferdinand

Stab 3./ schwere Panzerjäger Abteilung 654, No.702

July 1943 Eastern Front/ Kursk

〔圖8〕

斐迪南式
第654重戰車驅逐營
第3連本部702號車

1943年7月　東部戰線／庫斯克會戰

此車輛是以基本色RAL7028暗黃色和迷彩色RAL6003橄欖綠打造成雙色迷彩。迷彩紋樣基本上都是粗條紋，但車身前方與砲管等部分區域則採用較細的長頸鹿花紋造型。另外，從照片看來，防盾的顏色比其他部分更暗，推測應該是只有塗裝防鏽紅底漆（氧化紅）。國籍標識則畫在車身右側（左側是工具箱的新位置）與車身背面的排氣管護罩上。砲號「702」是以白漆寫在戰鬥艙側面與背面（不過是在左側，而不是同驅逐營其他車輛的中間偏下位置）。另外，只有車身上方（駕駛艙）前面左側的位置寫有「N」。

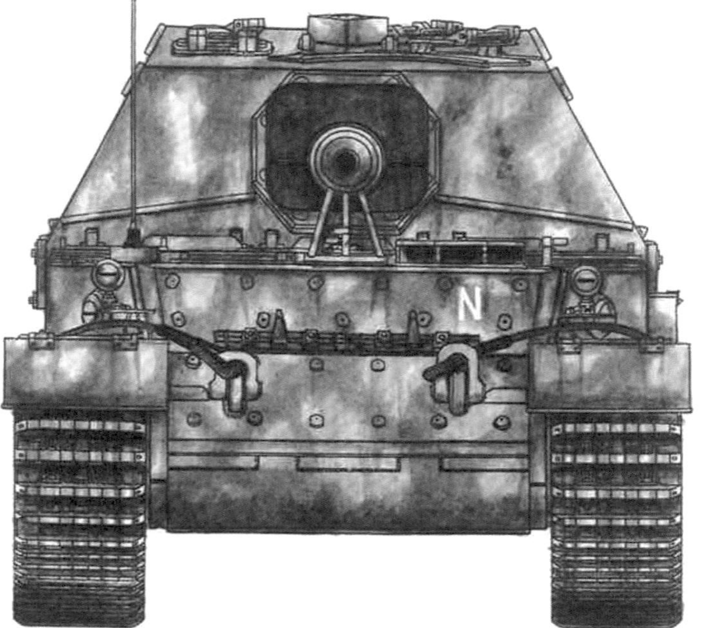

〔圖7〕

斐迪南式 第654重戰車驅逐營 第1連本部502號車

Ferdinand Stab 1./ schwere Panzerjäger Abteilung 654, No.502

車身各部位特色

此車跟第654重戰車驅逐營其他車輛一樣，擋泥板上方皆未裝備備用履帶。設置千斤頂的位置也在配賦部隊後做了變更。

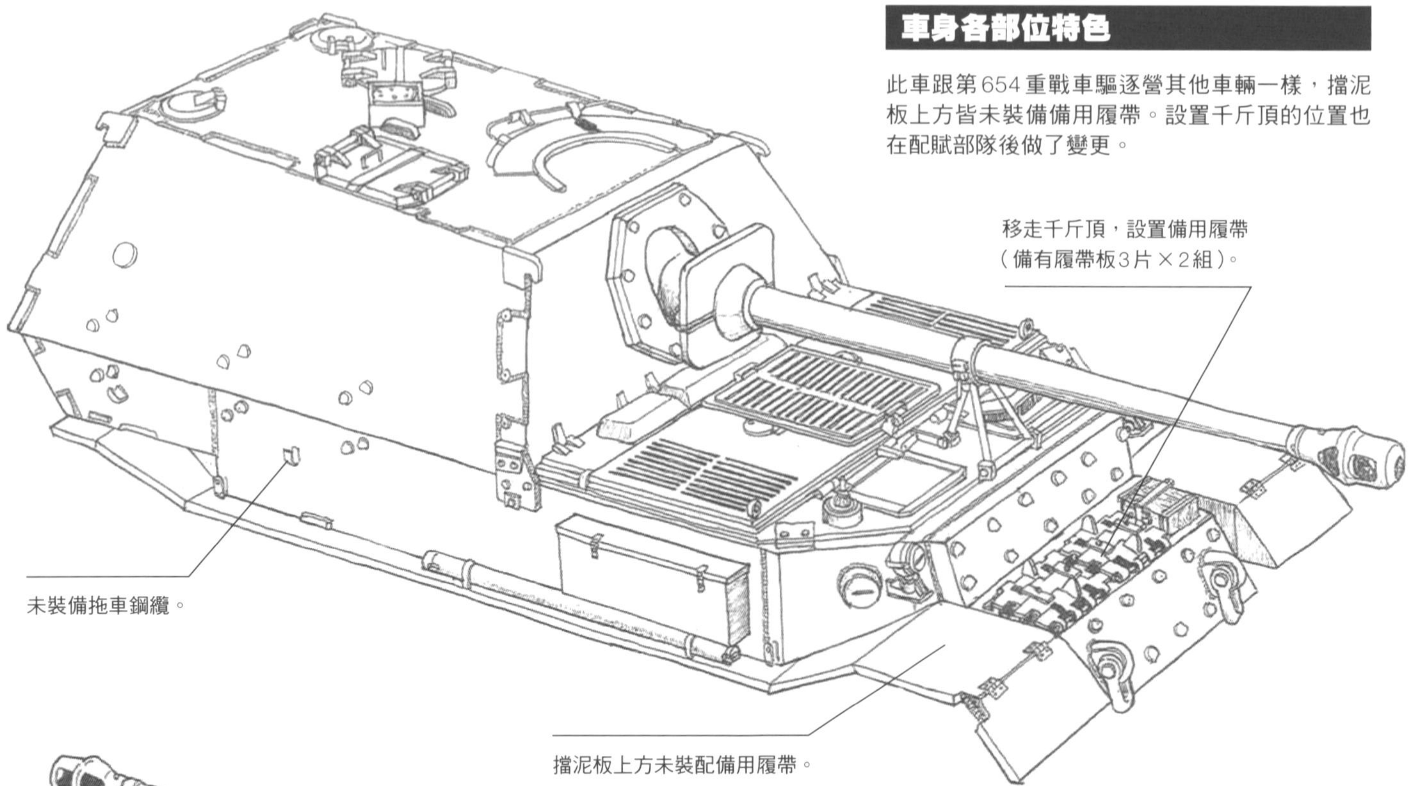

移走千斤頂，設置備用履帶（備有履帶板3片×2組）。

未裝備拖車鋼纜。

擋泥板上方未裝配備用履帶。

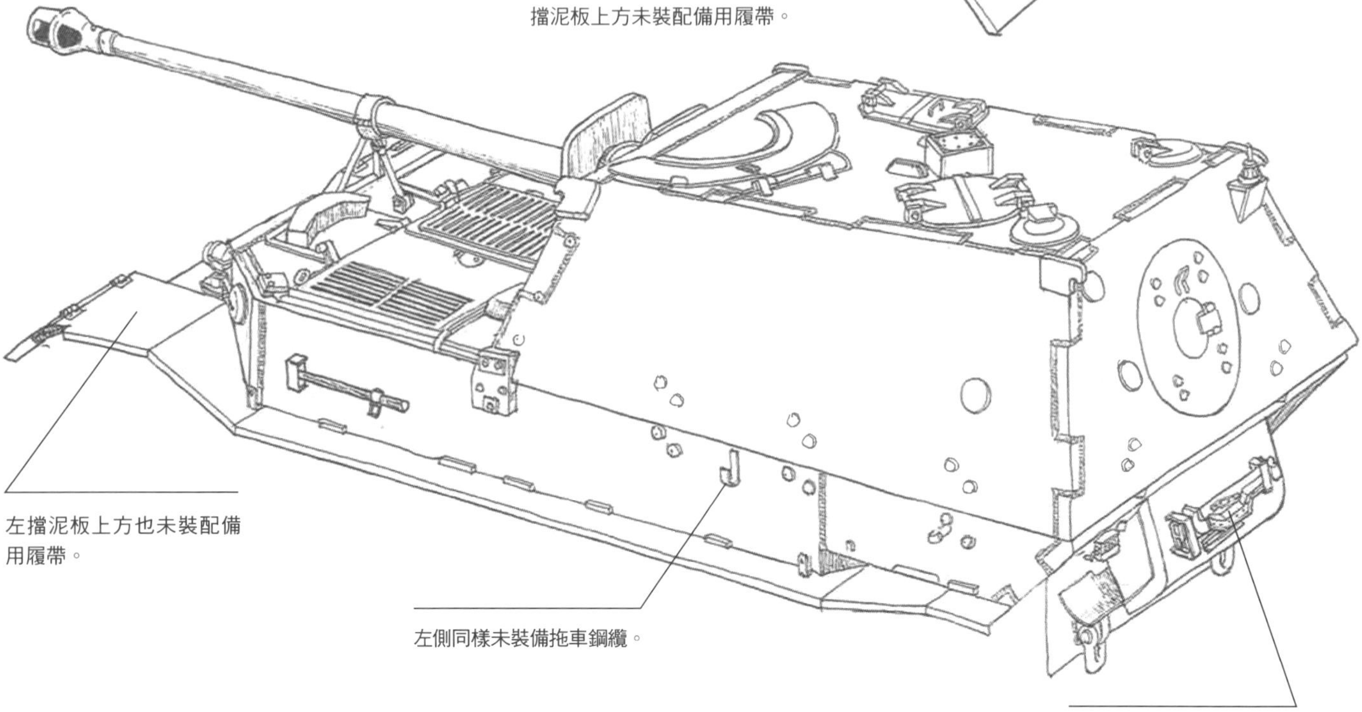

左擋泥板上方也未裝配備用履帶。

左側同樣未裝備拖車鋼纜。

千斤頂裝設在車身背面的排氣管護罩上。

車身背面

【501號車車身背面】

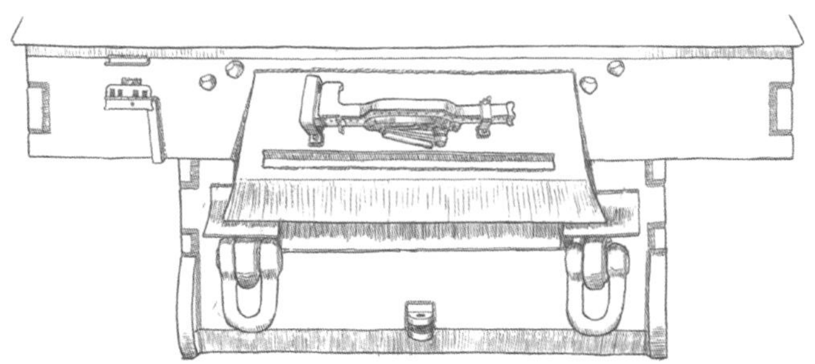

配賦部隊後，原本在車身前方上面的千斤頂移到排氣管護罩上方。

【623號車車身背面】

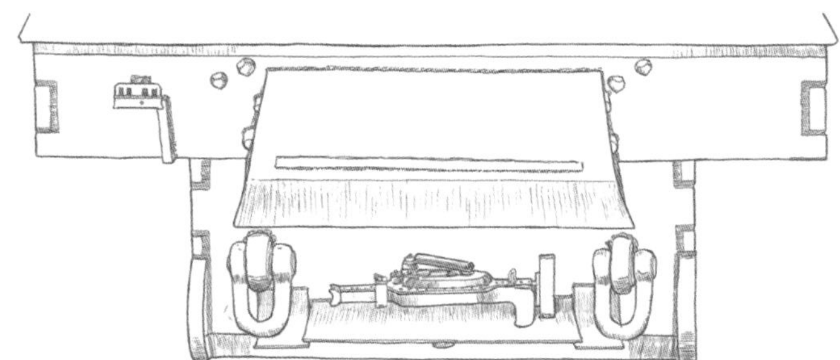

同驅逐營的623號車經過當場改造後，也調整了千斤頂的擺放位置，不過是改設置在排氣管護罩下方，另也更將排氣導流板移至千斤頂下方。

〔圖8〕

斐迪南式 第654重戰車驅逐營 第3連本部702號車

Ferdinand Stab 3./ schwere Panzerjäger Abteilung 654, No.702

車身各部位特色

此車雖隸屬第654重戰車驅逐營，但無論是千斤頂，千斤頂台座，還是工具箱的位置都有變動，戰鬥艙背面左側更加裝了把手。

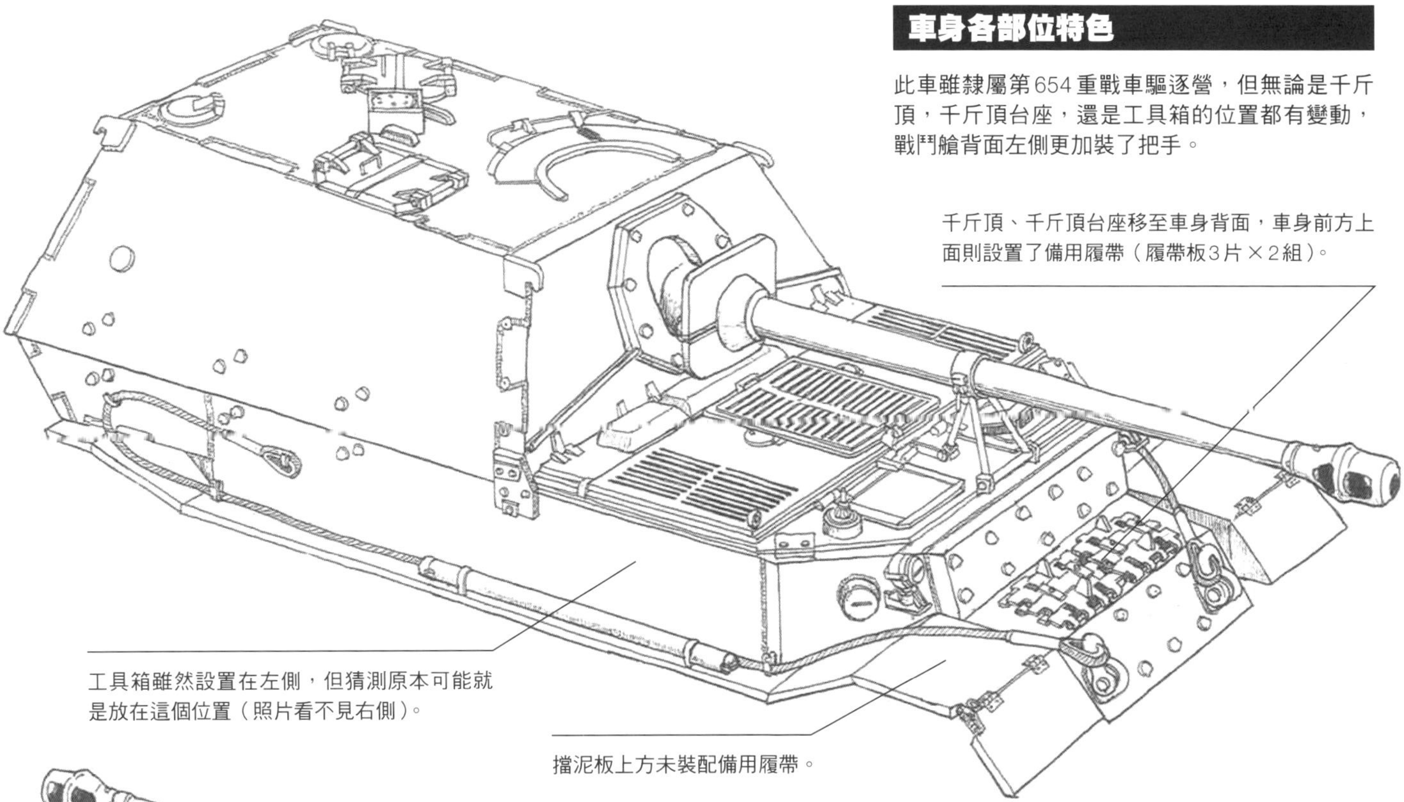

千斤頂、千斤頂台座移至車身背面，車身前方上面則設置了備用履帶（履帶板3片×2組）。

工具箱雖然設置在左側，但猜測原本可能就是放在這個位置（照片看不見右側）。

擋泥板上方未裝配備用履帶。

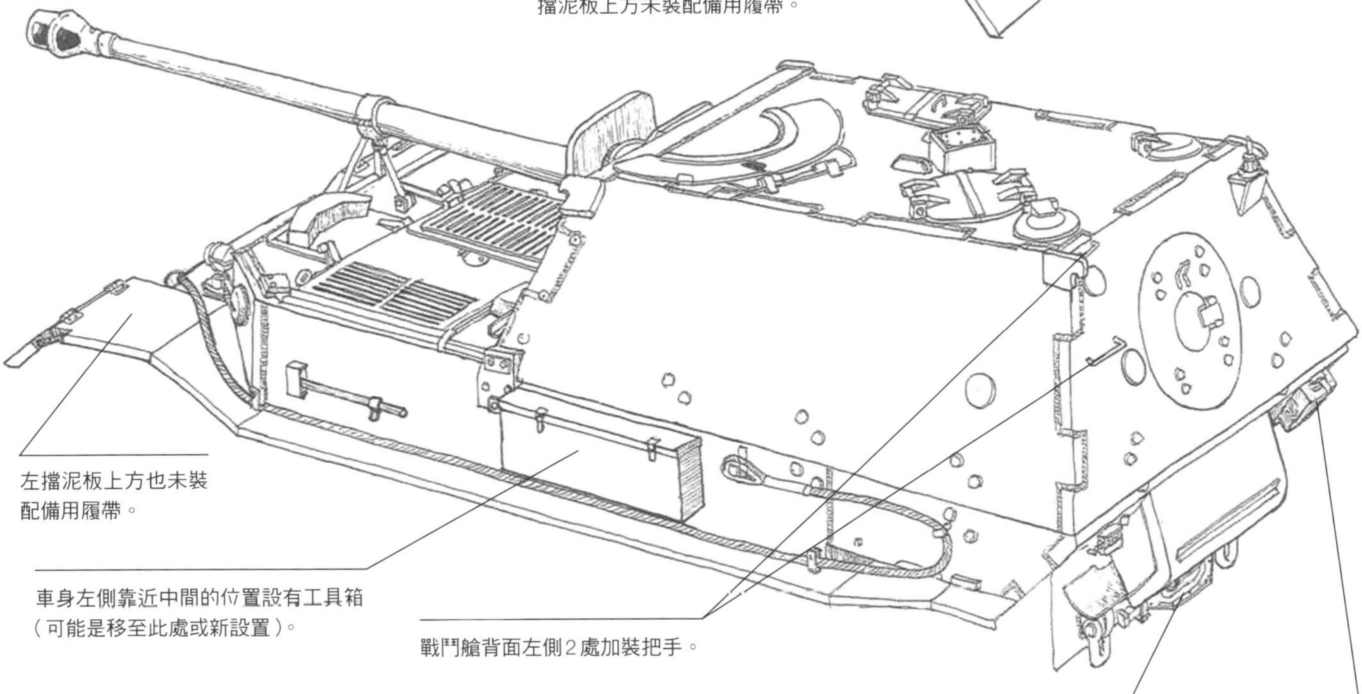

左擋泥板上方也未裝配備用履帶。

車身左側靠近中間的位置設有工具箱（可能是移至此處或新設置）。

戰鬥艙背面左側2處加裝把手。

千斤頂移到車身背面的下面。

千斤頂台座裝在車身背面的右側。

戰鬥艙背面門蓋改造範例

戰鬥艙中間雖然設置了一個大型的圓形逃生門，但部分車輛（大約4輛）的門蓋被改造成開閉式，並在門蓋上方加裝排雨條。

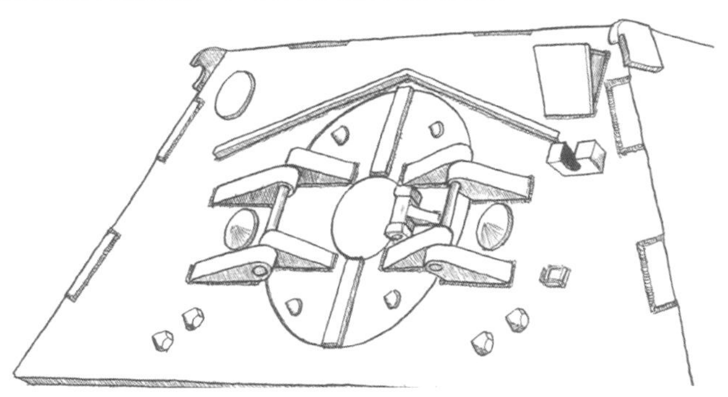

排氣管護罩

左邊為標準排氣管護罩，右邊則是在側邊焊上支撐材加以補強。

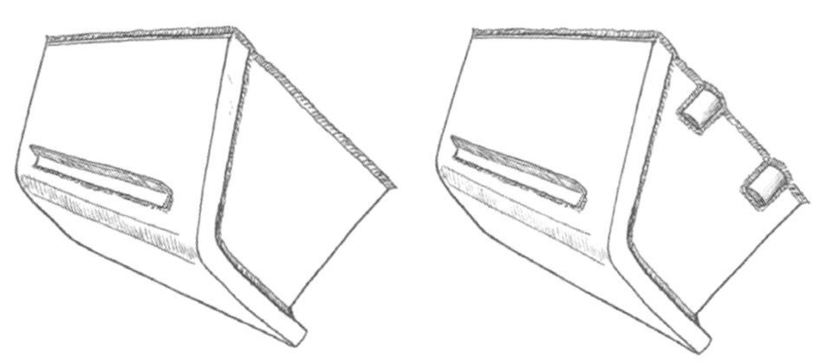

Ferdinand

3./ schwere Panzerjäger Abteilung 654, No.722
July 1943 Eastern Front/ Oryol

〔圖9〕

斐迪南式
第654重戰車驅逐營
第3連722號車

1943年7月　東部戰線／奧廖爾戰役

以基本色的RAL7028暗黃色為底，再用迷彩色RAL6003橄欖綠大致噴出長頸鹿花紋。車身背面排氣管護罩畫有國籍標識的德軍樑狀十字徽（車身左側的標準位置應該也會有），戰鬥艙側面及背面左側則以白漆寫了砲號「722」。另外，因為車輛載運物品，所以從圖片看不出來，但其實車身上方（駕駛艙）前面的左側寫有「N」。

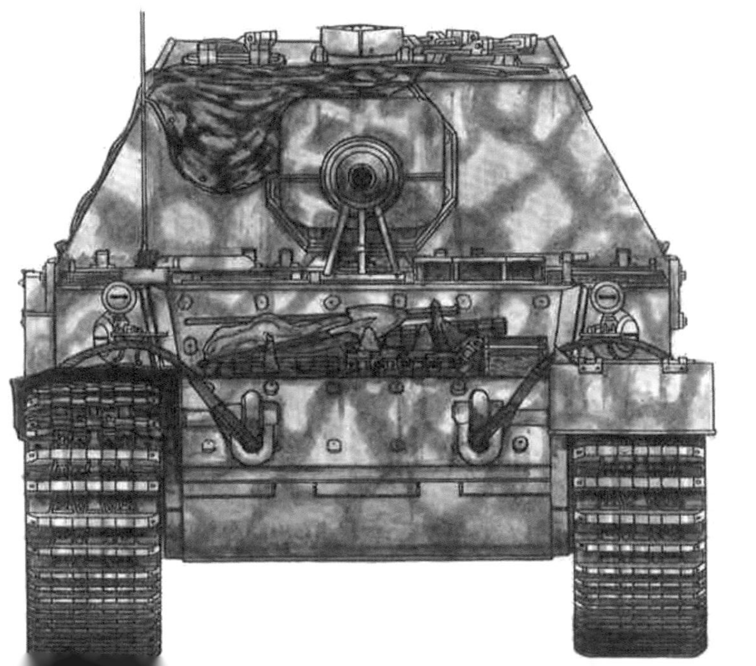

Ferdinand

1./ schwere Panzerjäger Abteilung 654, No.511
August 1943 Eastern Front/ Bryansk

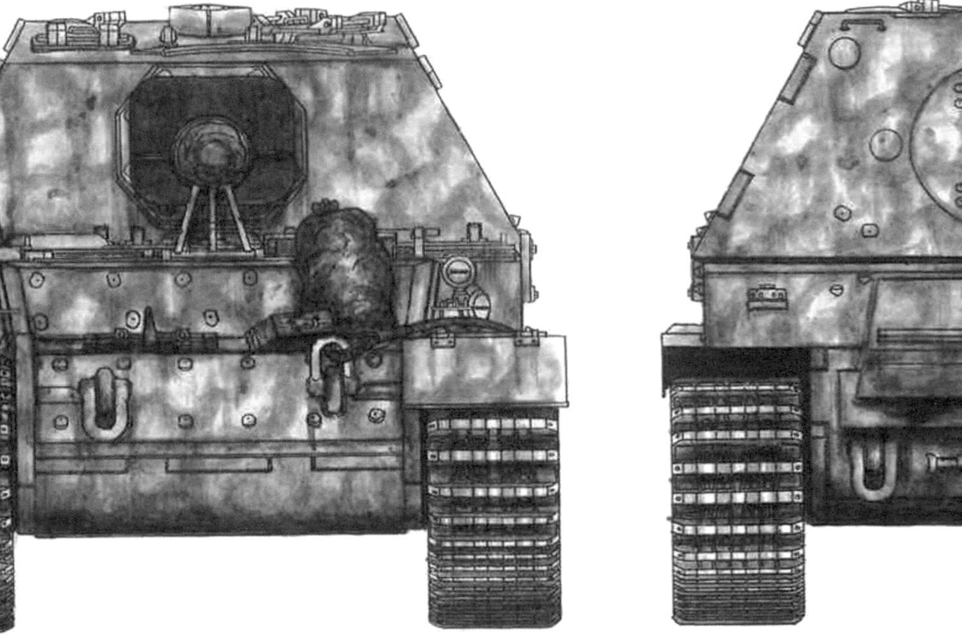

〔圖10〕

斐迪南式
第654重戰車驅逐營
第1連511號車

1943年8月 東部戰線／布良斯克戰役

以基本色RAL7028暗黃色為底，再用迷彩色RAL6003橄欖綠噴出細網目紋樣，做成雙色迷彩造型。照片中防盾的顯色較暗，所以還是能推測應該只有塗裝防鏽紅底漆（氧化紅）。國籍標識的德軍棵狀十字徽和砲號「511」都畫在第654重戰車驅逐營車輛的標準位置。砲管則用黑漆畫了16條擊破功標。從這些記號就不難看出，511號車長費爾德海姆（Feldheim）中尉在整個驅逐營裡的表現極為優秀。

〔圖9〕

斐迪南式 第654重戰車驅逐營 第3連722號車

Ferdinand 3./ schwere Panzerjäger Abteilung 654, No.722

車身各部位特色

有變動部分車載工具的位置。備用履帶、迷彩遮布、工具箱則是隨意擺放。

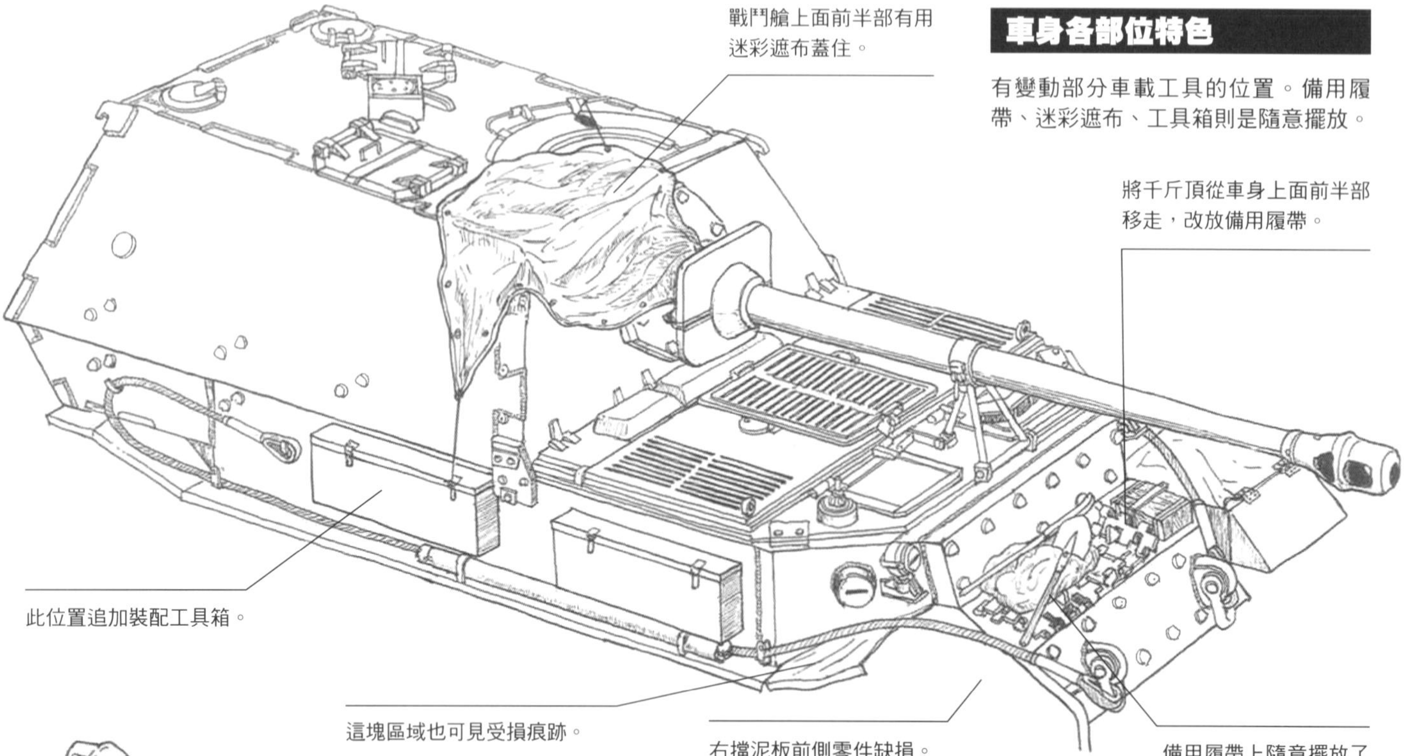

戰鬥艙上面前半部有用迷彩遮布蓋住。

將千斤頂從車身上面前半部移走，改放備用履帶。

此位置追加裝配工具箱。

這塊區域也可見受損痕跡。

右擋泥板前側零件缺損。

備用履帶上隨意擺放了圓鍬、鐵撬和墊子。

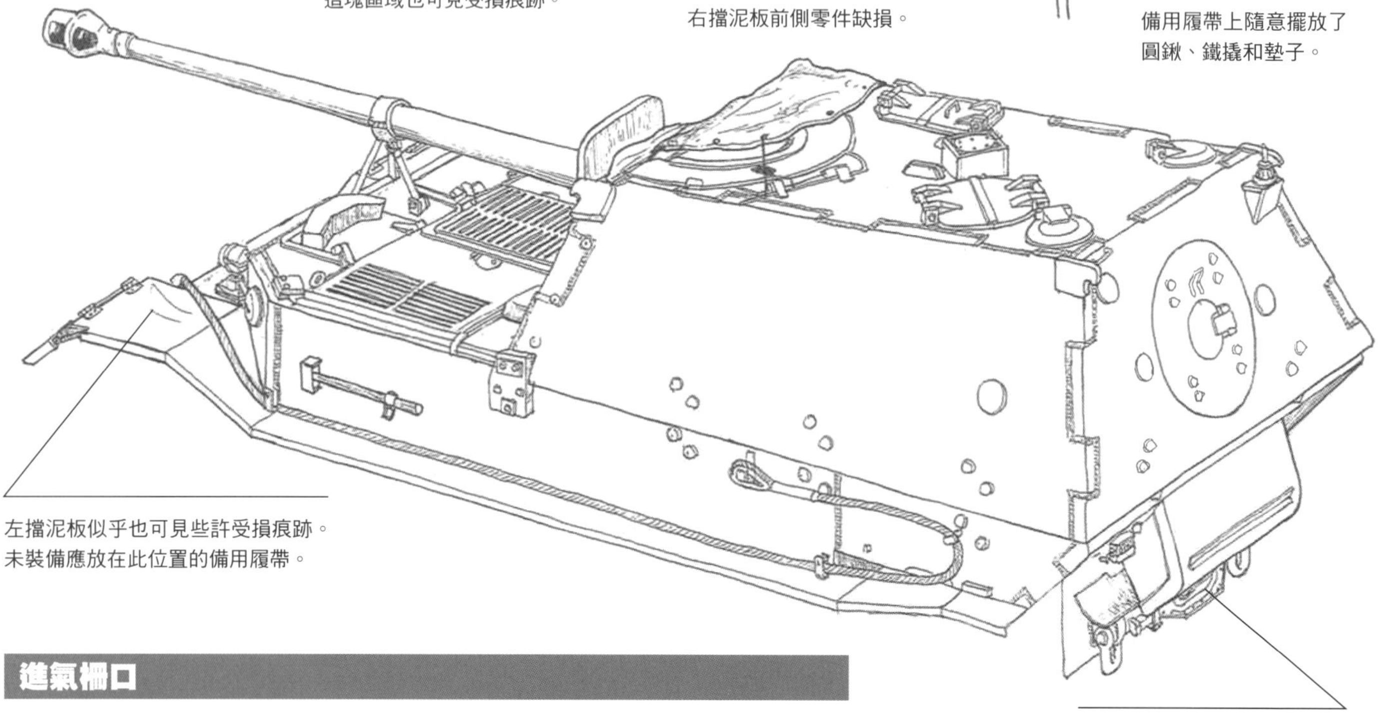

左擋泥板似乎也可見些許受損痕跡。未裝備應放在此位置的備用履帶。

這應該是被移到車身背面下面的千斤頂。

進氣柵口

【試作車進氣柵口】

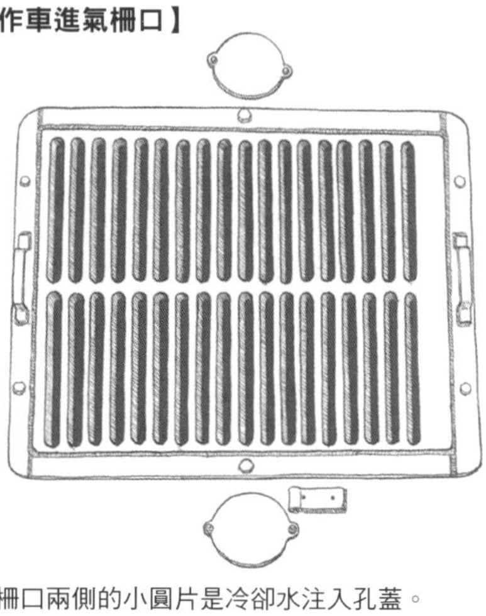

柵口兩側的小圓片是冷卻水注入孔蓋。

【量產車進氣柵口】

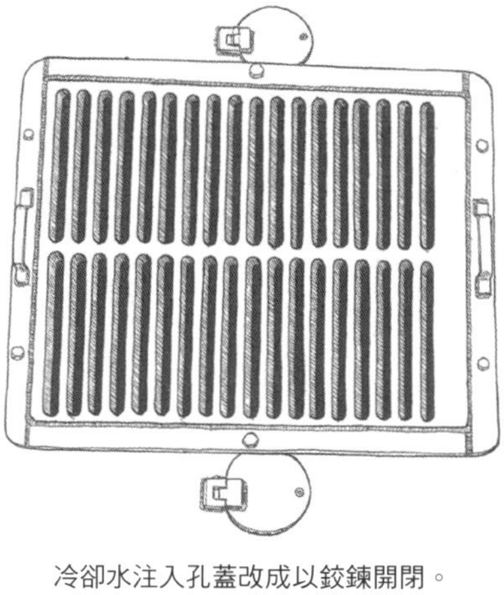

冷卻水注入孔蓋改成以鉸鍊開閉。

排氣柵口

不同於之後的象式，直接在上方的裝甲板設置百葉窗。

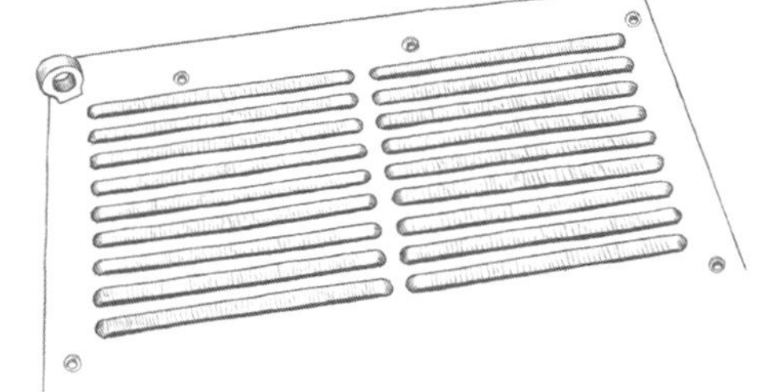

〔圖10〕

斐迪南式 第654重戰車驅逐營 第1連511號車

Ferdinand 1./ schwere Panzerjäger Abteilung 654, No.511

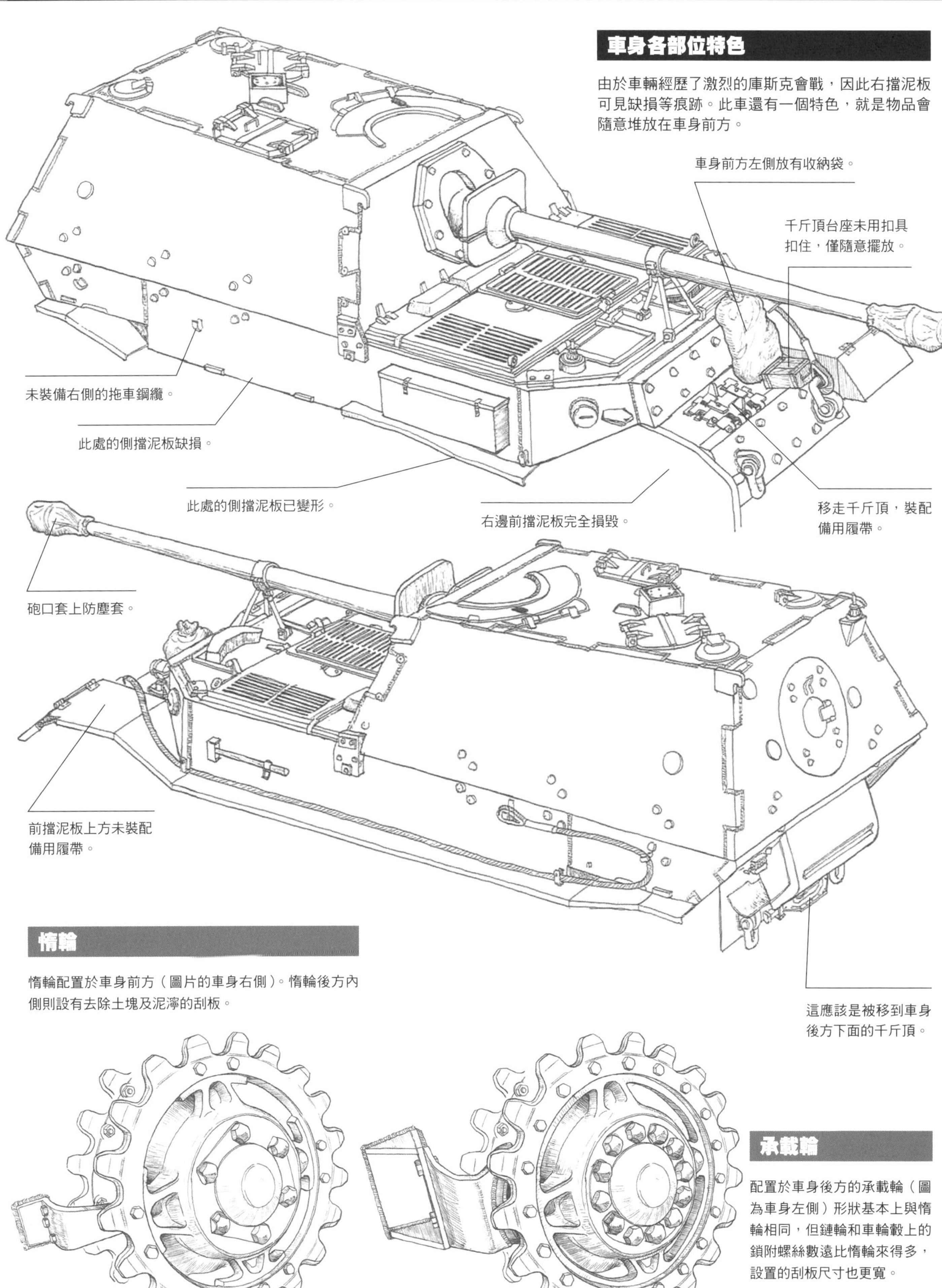

車身各部位特色

由於車輛經歷了激烈的庫斯克會戰，因此右擋泥板可見缺損等痕跡。此車還有一個特色，就是物品會隨意堆放在車身前方。

惰輪

惰輪配置於車身前方（圖片的車身右側）。惰輪後方內側則設有去除土塊及泥濘的刮板。

承載輪

配置於車身後方的承載輪（圖為車身左側）形狀基本上與惰輪相同，但鏈輪和車輪轂上的鎖附螺絲數遠比惰輪來得多，設置的刮板尺寸也更寬。

Ferdinand

1./ schwere Panzerjäger Abteilung 654, No.513
August 1943 Eastern Front/ Bryansk

〔圖11〕

斐迪南式
第654重戰車驅逐營
第1連513號車

1943年8月　東部戰線／布良斯克戰役

塗裝是以基本色RAL7028暗黃色為底，再用RAL6003橄欖綠大致噴出條紋，做成雙色迷彩造型。砲管有用黑漆畫了8條擊破功標。車身側面和背面排氣管護罩畫有國籍標識的德軍樑狀十字徽，戰鬥艙側面與背面中間偏下的位置則是以白漆寫上砲號「513」。此車輛防盾的顏色仍比其他部分更暗，所以還是可以推測應該只有塗裝防鏽紅底漆（氧化紅）。

Ferdinand

2./ schwere Panzerjäger Abteilung 654, No.621
August 1943 Eastern Front/ Dnepropetrovsk

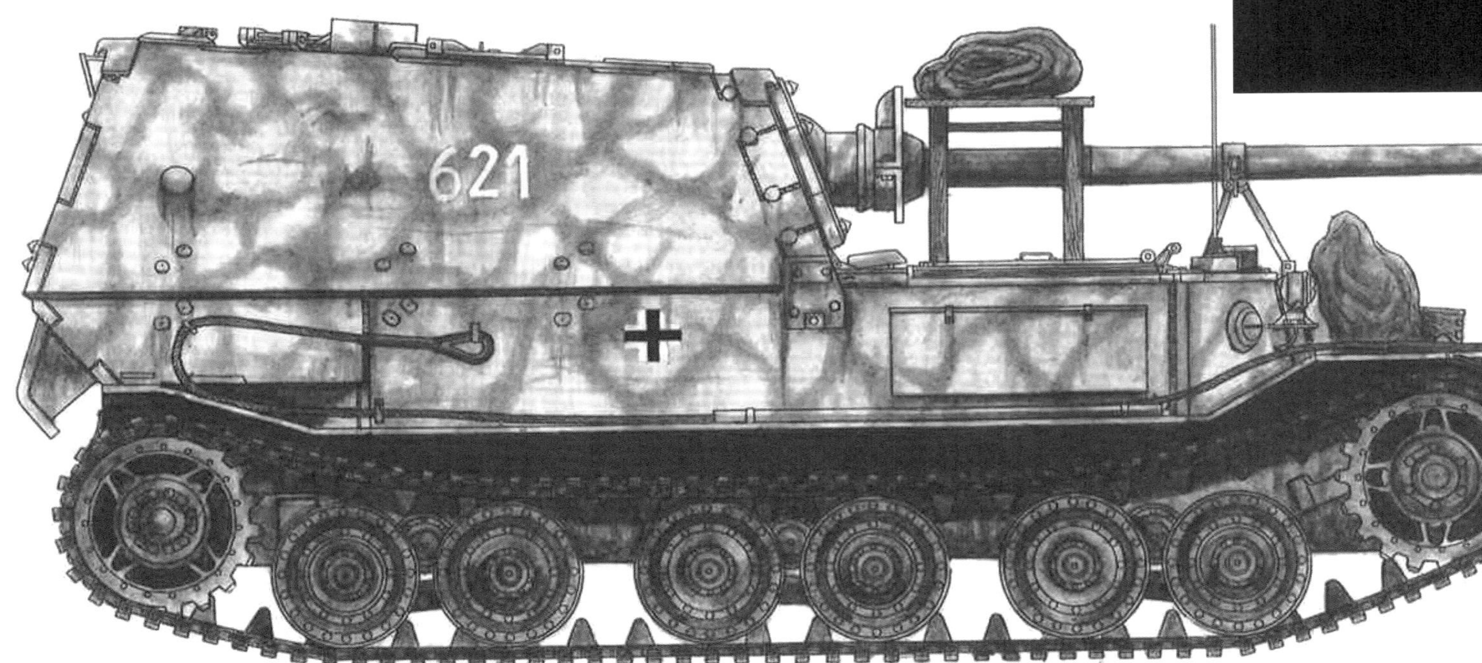

〔圖12〕

斐迪南式
第654重戰車驅逐營
第2連621號車

1943年8月　東部戰線／聶伯彼得羅夫斯克州

車身是以基本色RAL7028暗黃色為底，再用迷彩色RAL6003橄欖綠噴出細網目模樣，做成雙色迷彩造型。車身側面與背面排氣管護罩畫有國籍標識的德軍樑狀十字徽，戰鬥艙側面與背面中間偏下的位置則用白漆寫了砲號「621」。此車輛防盾的顯色仍比其他部分更暗，所以還是可以推測應該只有塗裝防鏽紅底漆（氧化紅）。

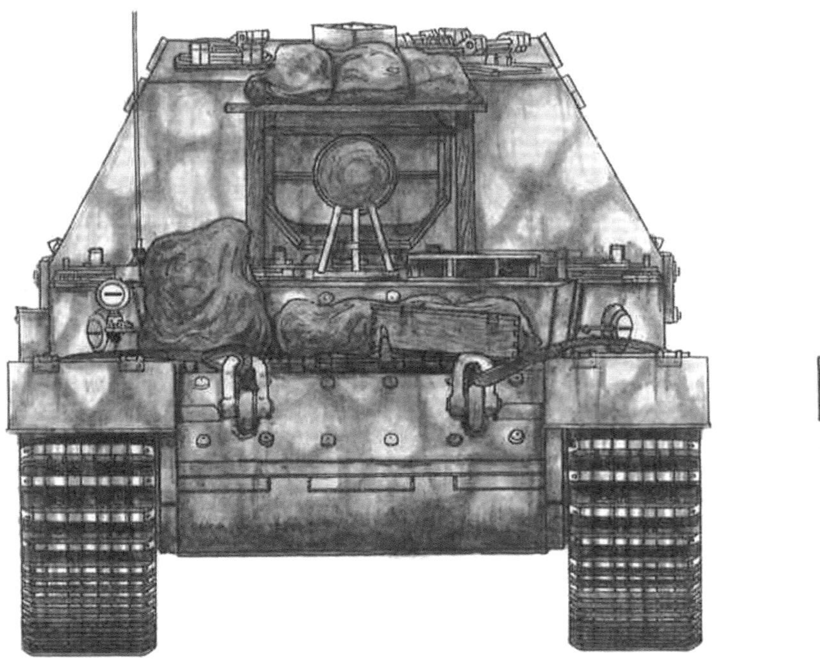

〔圖11〕

斐迪南式 第654重戰車驅逐營 第1連513號車

Ferdinand 1./ schwere Panzerjäger Abteilung 654, No.513

車身各部位特色

左右擋泥板皆出現嚴重缺損。從車載工具位置改變、安裝護罩等變動都不難看出這是輛在戰場上被過度使用的戰車。

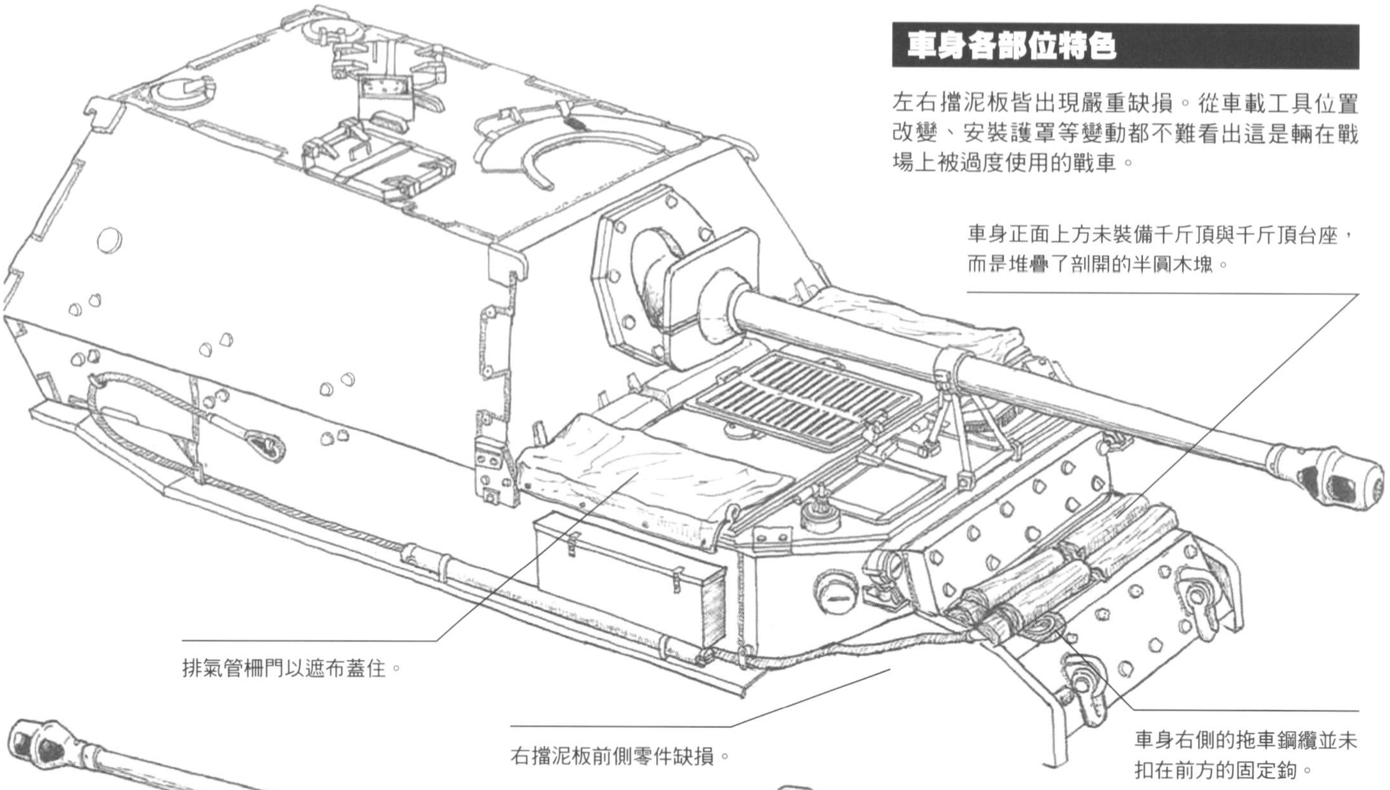

車身正面上方未裝備千斤頂與千斤頂台座，而是堆疊了剖開的半圓木塊。

排氣管柵門以遮布蓋住。

右擋泥板前側零件缺損。

車身右側的拖車鋼纜並未扣在前方的固定鉤。

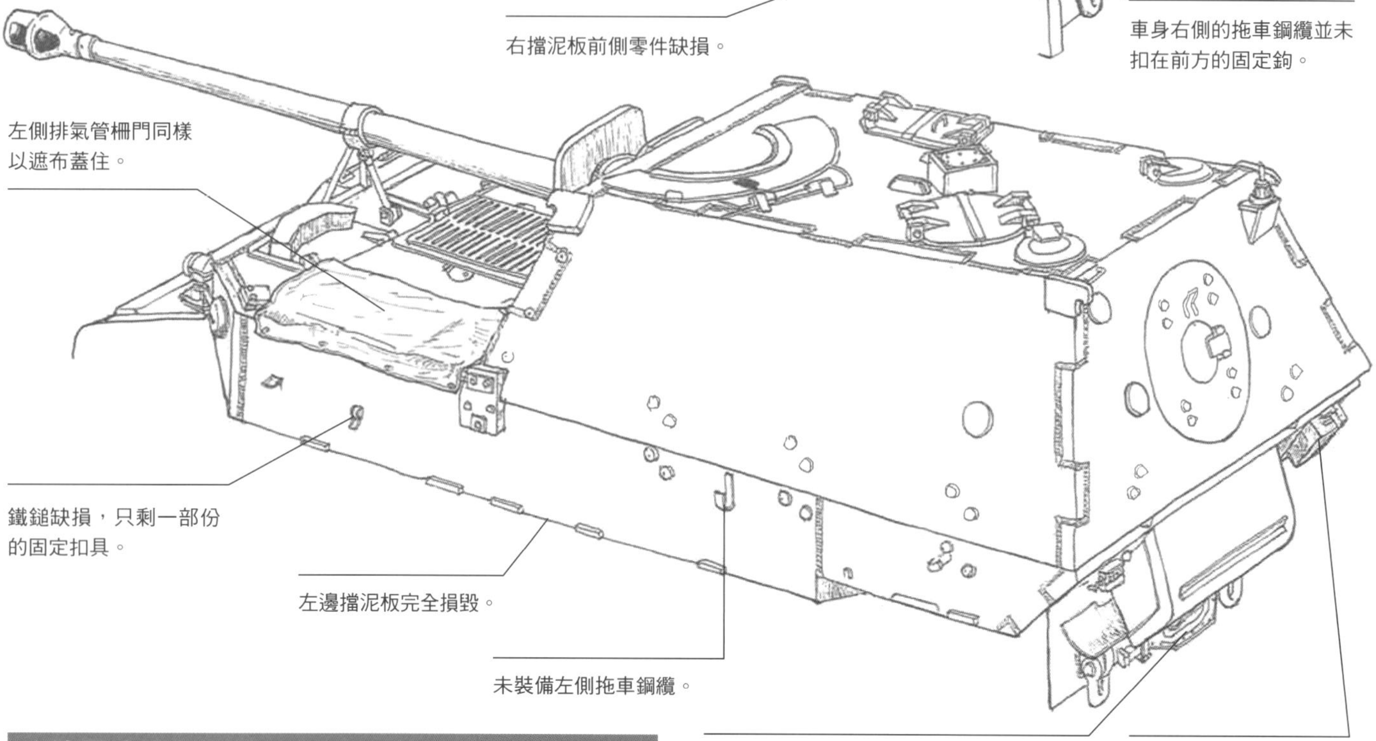

左側排氣管柵門同樣以遮布蓋住。

鐵鎚缺損，只剩一部份的固定扣具。

左邊擋泥板完全損毀。

未裝備左側拖車鋼纜。

這應該是車身背面下方設置千斤頂的位置。

這應該是車身背面下方設置千斤頂台座的位置。

主砲固定用行軍鎖

運送車輛或車輛行進移動時能用來固定主砲，因此會設置在車身上方的前面。圖是主砲固定狀態時的右視圖。後方支柱底部則備有扣具。

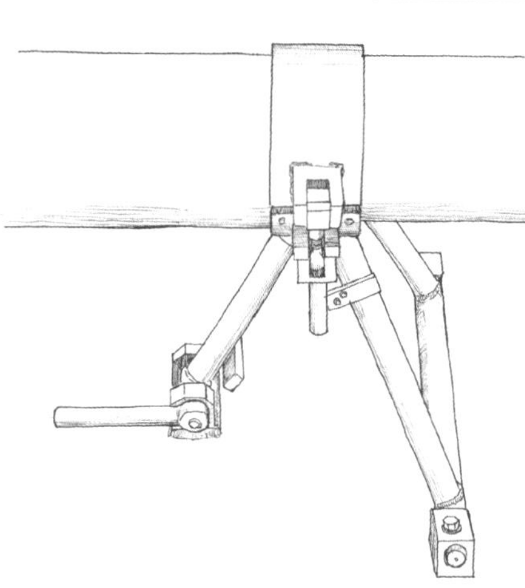

瞄準鏡滑蓋

設置於戰鬥艙上面前方的左側。與其他固定式戰鬥艙的驅逐戰車一樣，都會在靠近中間的位置設一個開口，讓瞄準鏡能夠往外伸，護蓋能透過前後的滑軌和扣具朝左右滑動。

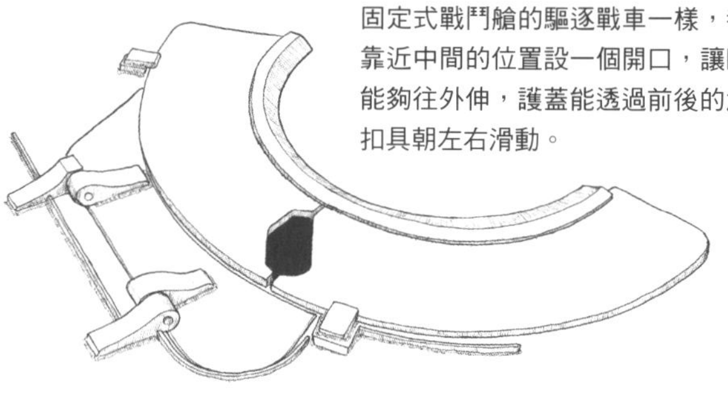

〔圖12〕

斐迪南式 第654重戰車驅逐營 第2連621號車

Ferdinand 2./ schwere Panzerjäger Abteilung 654, No.621

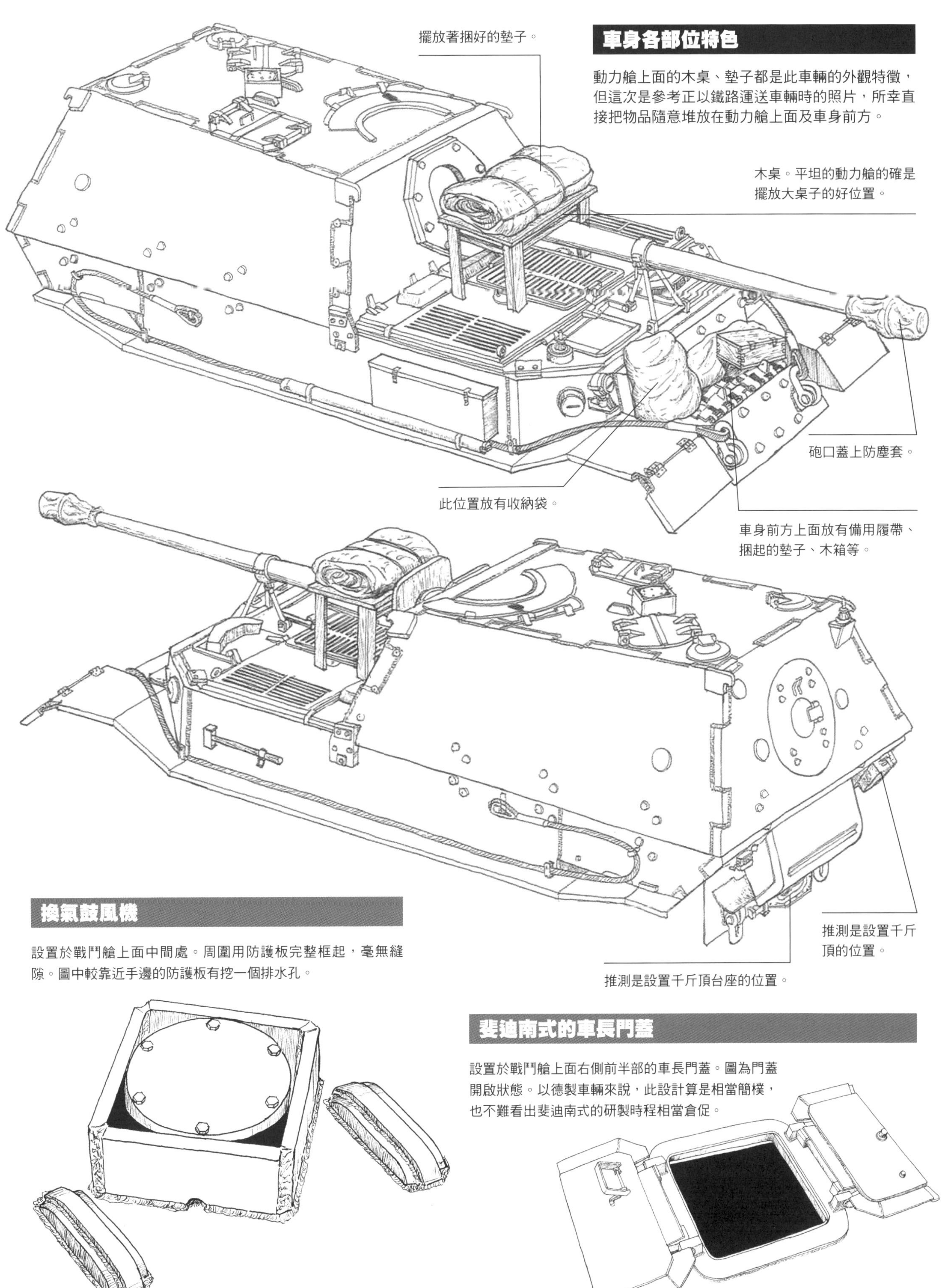

車身各部位特色

動力艙上面的木桌、墊子都是此車輛的外觀特徵，但這次是參考正以鐵路運送車輛時的照片，所幸直接把物品隨意堆放在動力艙上面及車身前方。

換氣鼓風機

設置於戰鬥艙上面中間處。周圍用防護板完整框起，毫無縫隙。圖中較靠近手邊的防護板有挖一個排水孔。

斐迪南式的車長門蓋

設置於戰鬥艙上面右側前半部的車長門蓋。圖為門蓋開啟狀態。以德製車輛來說，此設計算是相當簡樸，也不難看出斐迪南式的研製時程相當倉促。

Ferdinand

2./ schwere Panzerjäger Abteilung 653, No.234
December 1943 Eastern Front/ Nikopol

〔圖13〕

斐迪南式
第653重戰車驅逐營
第2連234號車

1943年12月　東部戰線／尼科波爾

塗裝是以基本色RAL7028暗黃色為底，搭配RAL6003橄欖綠和RAL8017巧克力棕的三色迷彩。國籍標識的德軍樑狀十字徽、黑框線的砲號「234」，甚至是畫在戰鬥艙背面右側，代表所屬連／排（紅底／黃底搭配白框）的方形部隊識別標誌都與庫斯克會戰時一樣。但從1943年秋天起，戰鬥艙正面左上角和背面左下角就開始出現第656戰車驅逐團的專屬標誌。該團標誌是以下方半圓形的顏色區分所屬連（營本部連＝綠、第1連＝白、第2連＝紅、第3連＝黃、補給隊＝藍、整備連＝白）。

Ferdinand
3./ schwere Panzerjäger Abteilung 653
December 1943 Eastern Front/ Nikopol

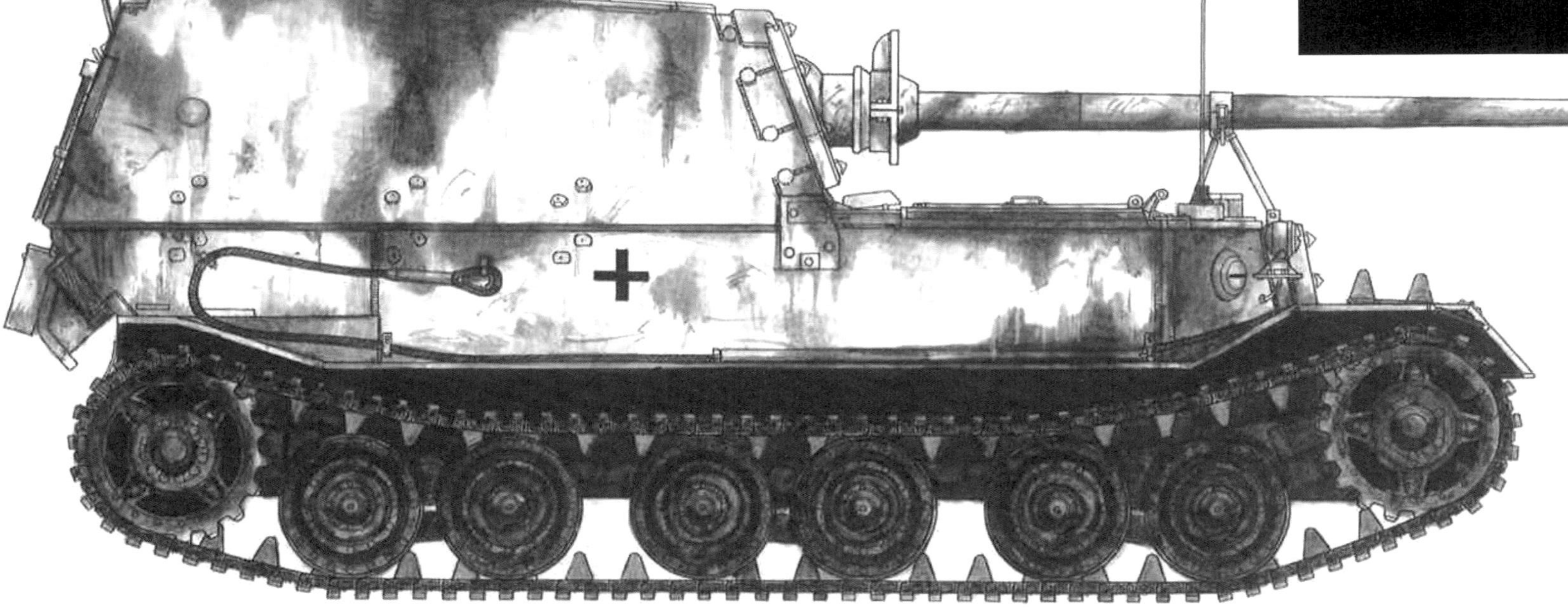

〔圖14〕

斐迪南式
第653重戰車驅逐營
第3連所屬車輛

1943年12月　東部戰線／尼科波爾

車身先以RAL7028暗黃色、RAL6003橄欖綠和RAL8017巧克力棕打造成三色迷彩後，再噴上白漆，做成冬季迷彩造型。車身側面雖然還留有國籍標識的德軍棕狀十字徽，但戰鬥艙的砲號已用白漆蓋掉。

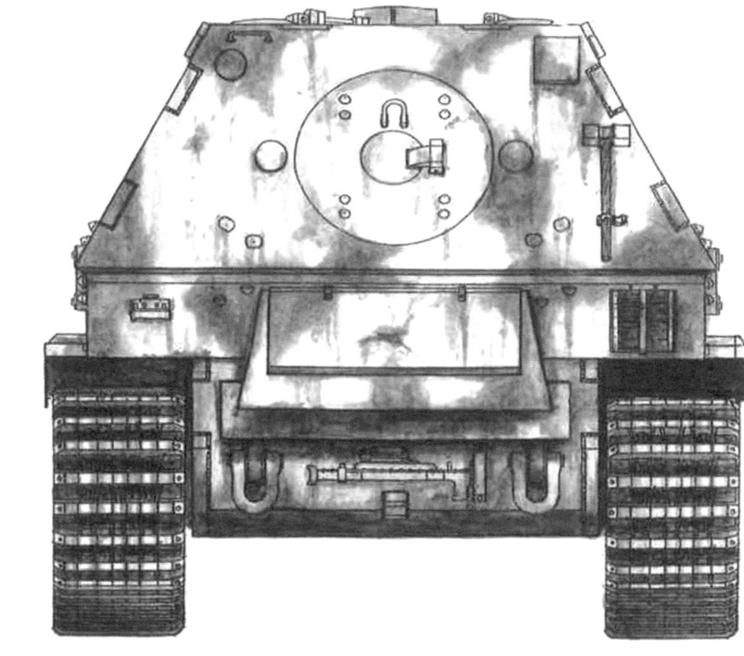

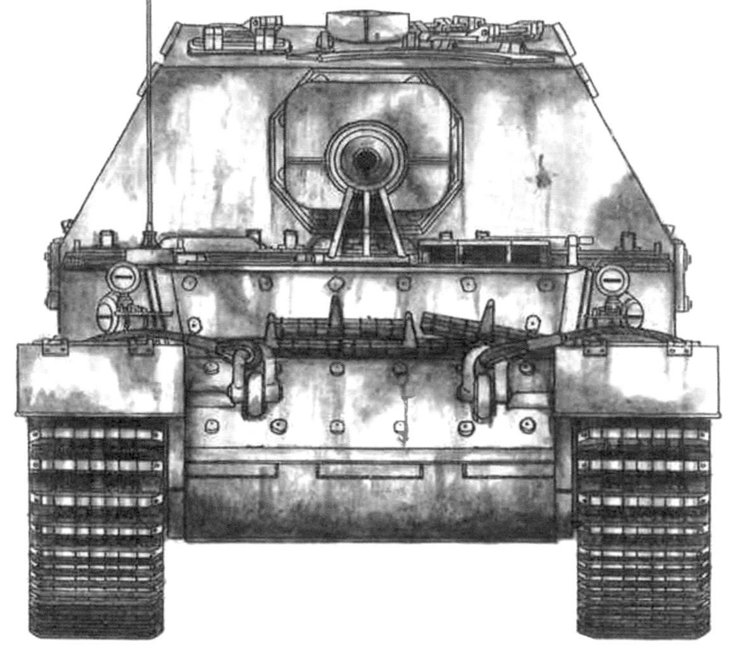

斐迪南式 第653重戰車驅逐營 第2連234號車

Ferdinand 2./ schwere Panzerjäger Abteilung 653, No.234

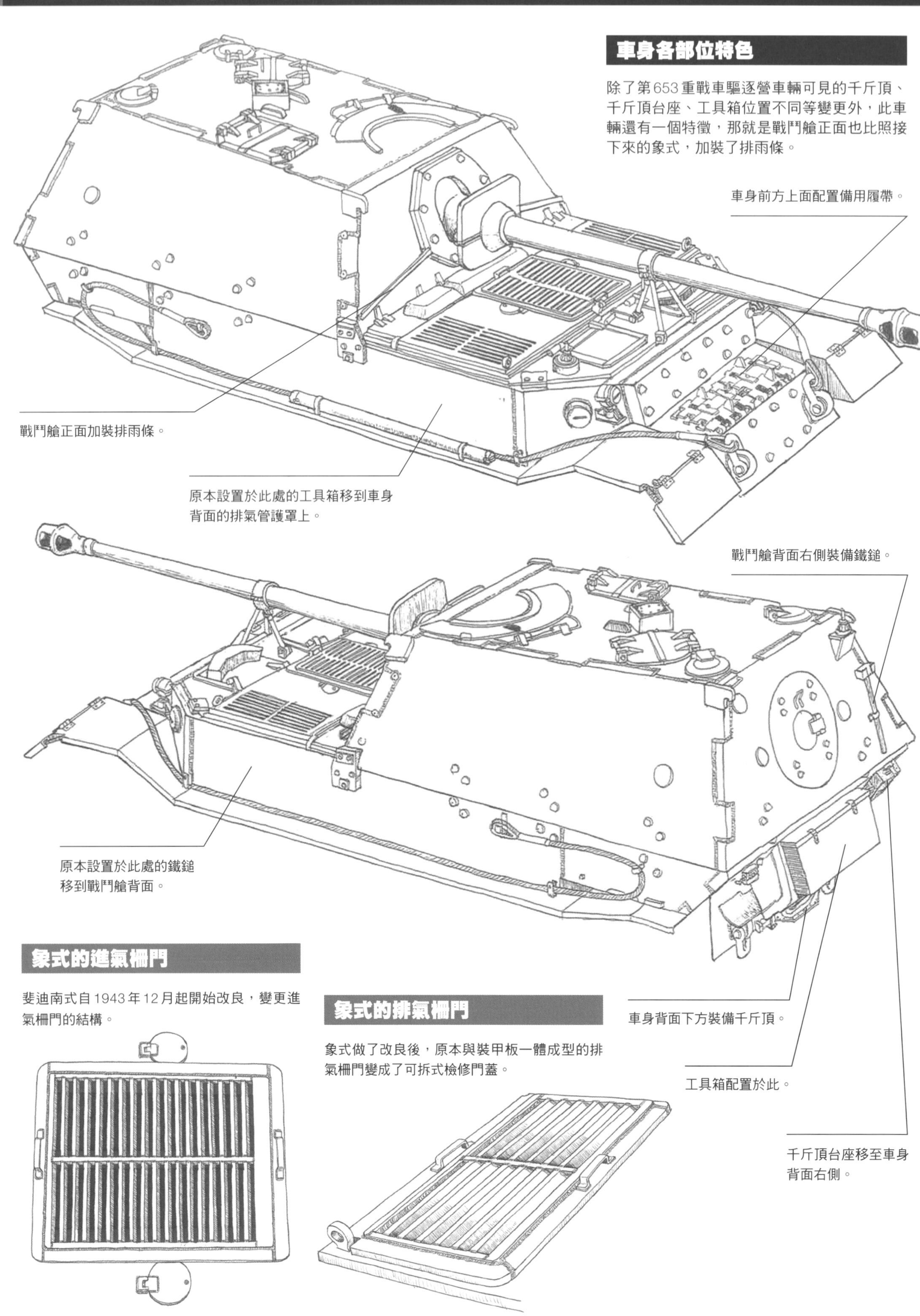

車身各部位特色

除了第653重戰車驅逐營車輛可見的千斤頂、千斤頂台座、工具箱位置不同等變更外，此車輛還有一個特徵，那就是戰鬥艙正面也比照接下來的象式，加裝了排雨條。

象式的進氣柵門

斐迪南式自1943年12月起開始改良，變更進氣柵門的結構。

象式的排氣柵門

象式做了改良後，原本與裝甲板一體成型的排氣柵門變成了可拆式檢修門蓋。

〔圖14〕

斐迪南式 第653重戰車驅逐營 第3連所屬車輛

Ferdinand 3./ schwere Panzerjäger Abteilung 653

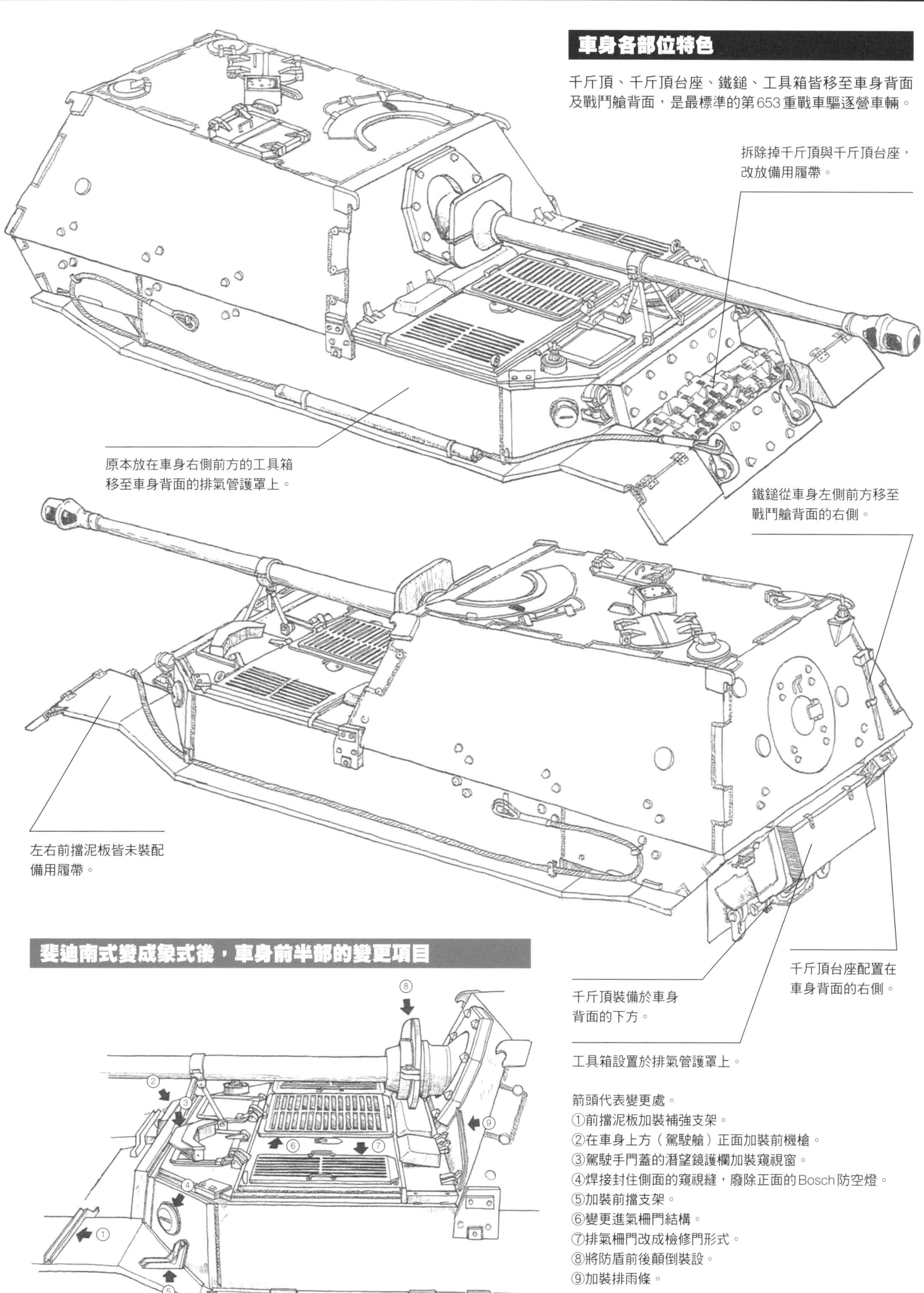

車身各部位特色

千斤頂、千斤頂台座、鐵鎚、工具箱皆移至車身背面及戰鬥艙背面，是最標準的第653重戰車驅逐營車輛。

斐迪南式變成象式後，車身前半部的變更項目

箭頭代表變更處。

①前擋泥板加裝補強支架。
②在車身上方（駕駛艙）正面加裝前機槍。
③駕駛手門蓋的潛望鏡護欄加裝窺視窗。
④焊接封住側面的窺視縫，廢除正面的Bosch防空燈。
⑤加裝前擋支架。
⑥變更進氣柵門結構。
⑦排氣柵門改成檢修門形式。
⑧將防盾前後顛倒裝設。
⑨加裝排雨條。

Elefant
1./ schwere Panzerjäger Abteilung 653, No.102
June 1944 Italian Front

〔圖15〕

象式
第653重戰車驅逐營
第1連102號車

1944年6月 義大利戰線

這裡雖然是以基本色RAL 7028暗黃色為底，再上一層淡淡的迷彩色，從照片很難判斷究竟使用了1種還是2種迷彩色。但從圖片可以推測，應該是僅使用RAL 8017巧克力棕的雙色迷彩塗裝。標誌部分很單純，應該沒有國籍標識，戰鬥艙側面和戰鬥艙背面的右上角分別以白漆寫了砲號「102」及連長烏布利希（Ulbricht）大尉的姓名字首「U」。車身塗裝防磁紋塗層。

Elefant
2./ schwere Panzerjäger Abteilung 653, No.224
July 1944 Eastern Front

〔圖16〕

象式
第653重戰車驅逐營
第2連224號車

11944年7月　東部戰線

塗裝是以基本色RAL7028暗黃色為底，搭配RAL6003橄欖綠和RAL8017巧克力棕的三色迷彩。戰鬥艙側面上方和背面右上角都有用紅底白框（也可能是黑底白框）寫出砲號「224」，並在車身背面的工具箱上畫了國籍標識。另外，戰鬥艙正面左上角和背面的左上角皆有驅逐營的標誌。驅逐營標誌以白色為底，加上代表著多瑙河的波浪以及劍組成圖案，劍的右下角寫有小小的連編號。車身塗裝防磁紋塗層。

〔圖15〕

象式 第653重戰車驅逐營 第1連102號車

Elefant 1./ schwere Panzerjäger Abteilung 653, No.102

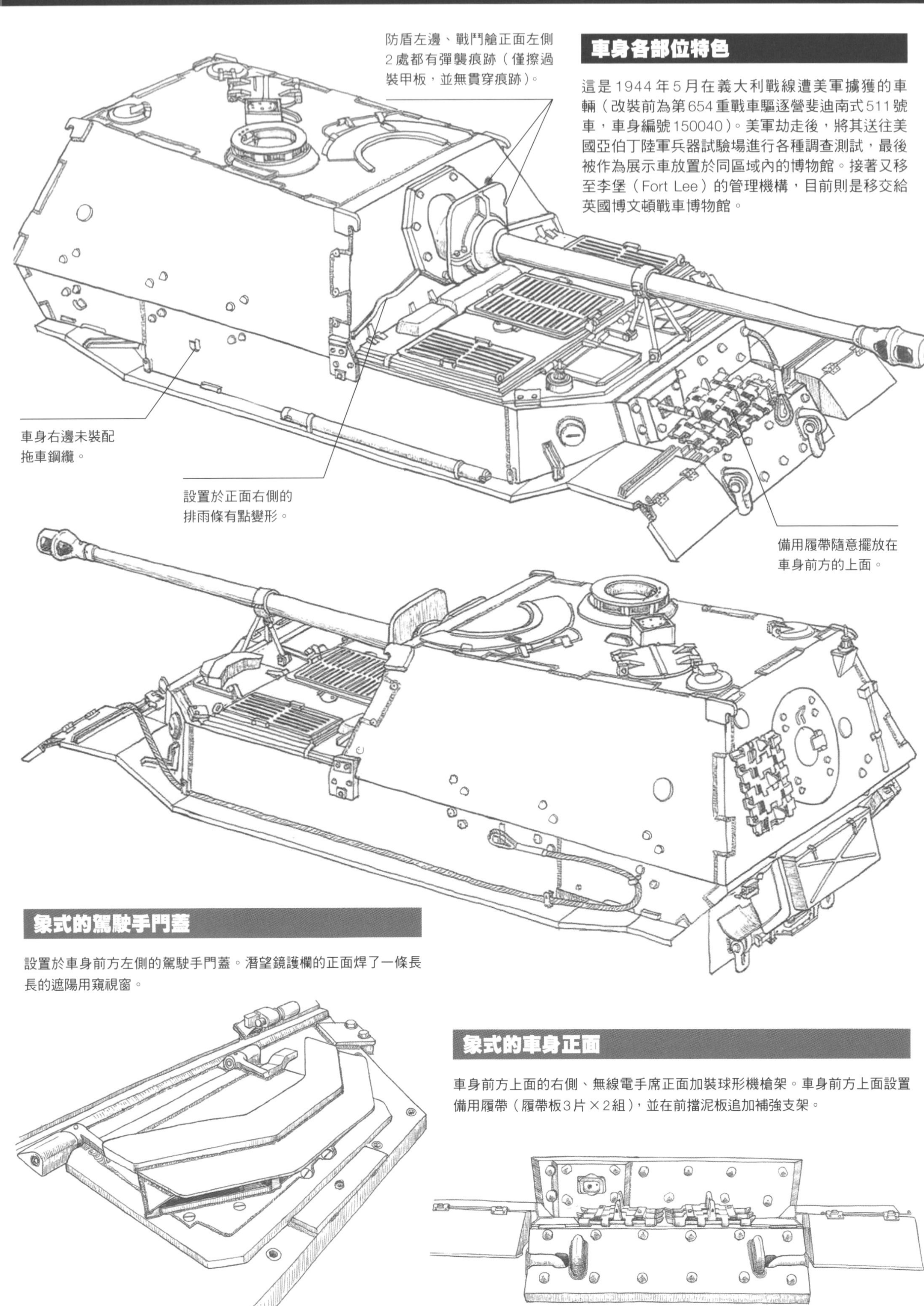

車身各部位特色

這是1944年5月在義大利戰線遭美軍擄獲的車輛（改裝前為第654重戰車驅逐營斐迪南式511號車，車身編號150040）。美軍劫走後，將其送往美國亞伯丁陸軍兵器試驗場進行各種調查測試，最後被作為展示車放置於同區域內的博物館。接著又移至李堡（Fort Lee）的管理機構，目前則是移交給英國博文頓戰車博物館。

象式的駕駛手門蓋

設置於車身前方左側的駕駛手門蓋。潛望鏡護欄的正面焊了一條長長的遮陽用窺視窗。

象式的車身正面

車身前方上面的右側、無線電手席正面加裝球形機槍架。車身前方上面設置備用履帶（履帶板3片×2組），並在前擋泥板追加補強支架。

〔圖16〕

象式 第653重戰車驅逐營 第2連224號車

Elefant 2./ schwere Panzerjäger Abteilung 653, No.224

車身各部位特色

標準規格的象式戰車。針對第653重戰車驅逐營斐迪南式變更車載工具等物品的設置位置，象式決定直接沿用作為標準。另外，象式整個車身皆塗裝有防磁紋塗層。

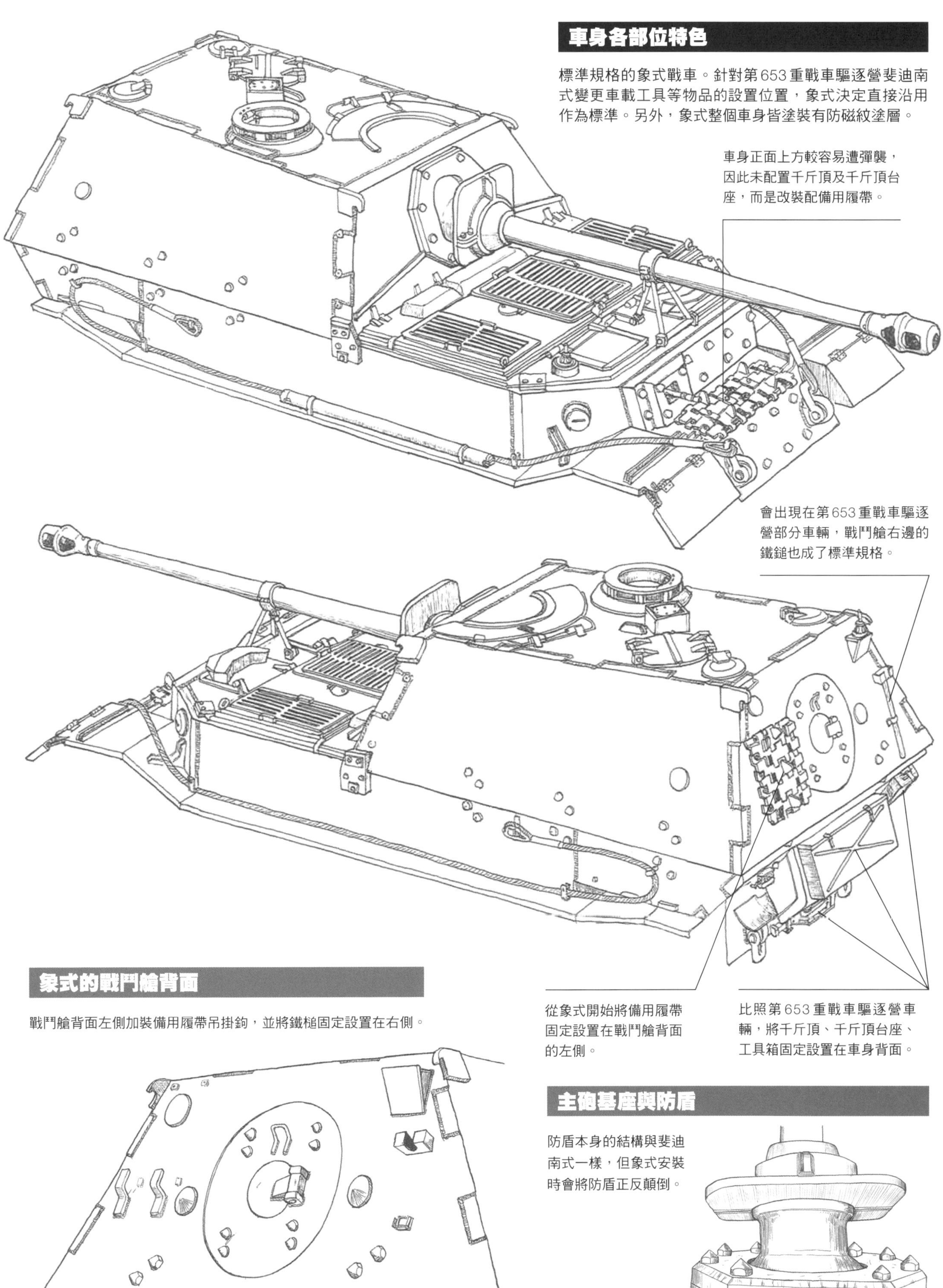

象式的戰鬥艙背面

戰鬥艙背面左側加裝備用履帶吊掛鉤，並將鐵槌固定設置在右側。

主砲基座與防盾

防盾本身的結構與斐迪南式一樣，但象式安裝時會將防盾正反顛倒。

Elefant
3./ schwere Panzerjäger Abteilung 653, No.332
December 1944 Eastern Front

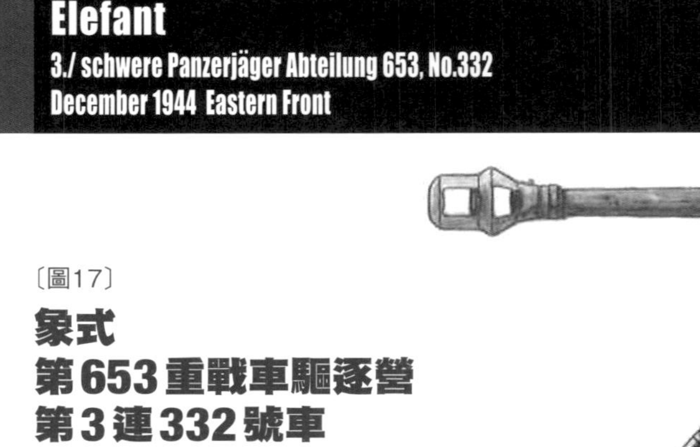

〔圖17〕

象式
第653重戰車驅逐營
第3連332號車

1944年12月　東部戰線

以基本色RAL7028暗黃色，搭配迷彩RAL6003橄欖綠和RAL8017巧克力棕做標準的三色迷彩塗裝。砲號「332」則是用黑漆寫在戰鬥艙側面的上方和背面的上方（位置稍微偏左）。戰鬥艙正面的左上角和背面的右上角有驅逐營標誌（標誌內左下角的號碼是代表第3連的「3」），車身背面的工具箱則畫了國籍標識的德軍楔狀十字徽。車身塗裝防磁紋塗層。

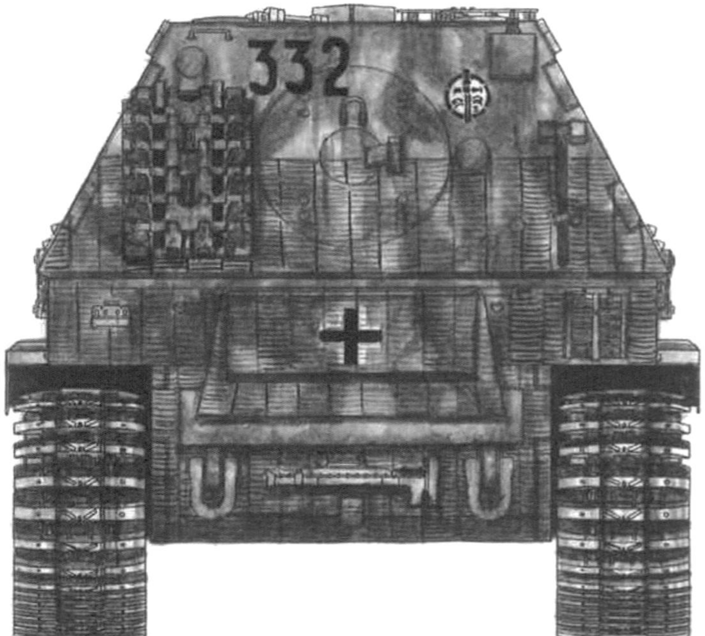

獵豹式G1塗裝＆標識

Jagdpanther G1
3./ schwere Panzerjäger Abteilung 654, No.314
August 1944 Western Front/ Normandy

〔圖18〕

獵豹式G1
第654重戰車驅逐營
第3連314號車
1944年8月　西部戰線／諾曼第

塗裝是在RAL7028暗黃色的基本色上，以RAL6003橄欖綠畫出淡淡的迷彩紋樣。由於看起來不像使用了2種迷彩色，因此僅以RAL6003橄欖綠施作薄薄一層塗裝。國籍標識的德軍樑狀十字徽則是畫在戰鬥艙側面及車身背面左側的儲物箱上。圖片雖然是黑底白框的數字，但實際上也有可能是紅底白框。此車輛塗裝了防磁紋塗層，但原本裝配車載工具的位置並未塗裝。

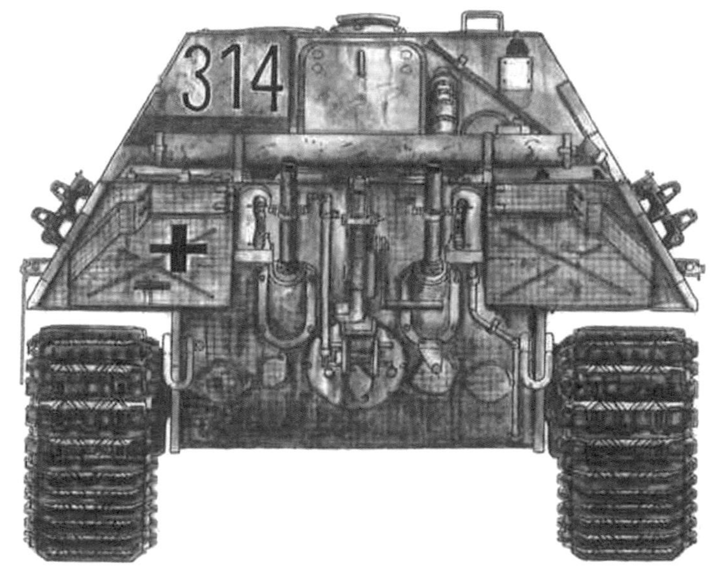

〔圖17〕

象式 第653重戰車驅逐營 第3連332號車

Elefant 3./ schwere Panzerjäger Abteilung 653, No.332

車身各部位特色

標準規格的象式戰車。1943年12月～1944年3月半這短短期間就有48輛斐迪南式被改裝成象式，全車皆配賦給第653重戰車驅逐營，因此量產時基本上沒什麼規格變更，每輛戰車也較難看見個體上的變化或差異。

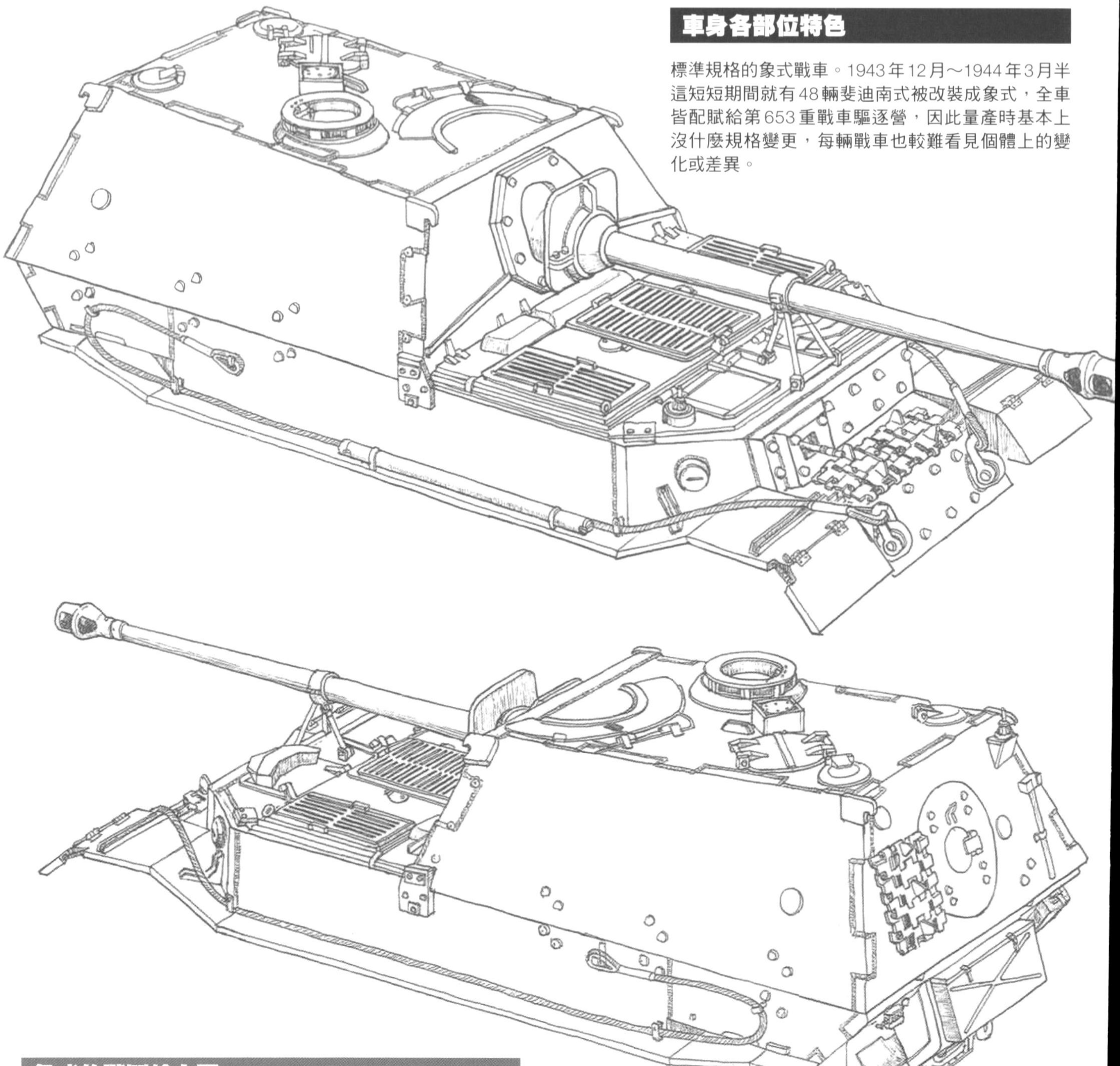

象式的戰鬥艙上面

除了車長門蓋換成了內建潛望鏡的砲塔（沿用Ⅲ號突擊砲G型砲塔）外，配置和各部位的形狀皆與斐迪南式相同。

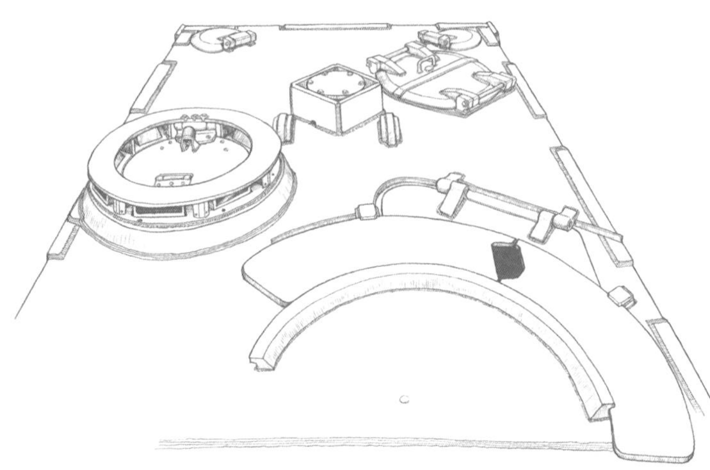

象式履帶

Kgs64／640／130　履帶板的接地面帶有八字形止滑設計。

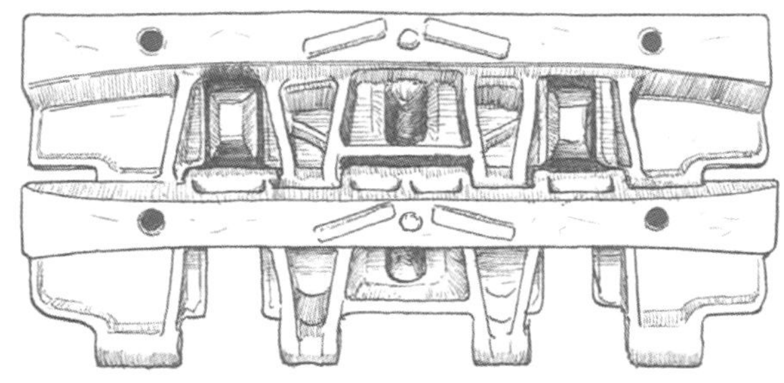

〔圖18〕

獵豹式G1 第654重戰車驅逐營 第3連314號車

Jagdpanther G1 3./ schwere Panzerjäger Abteilung 654, No.314

車身各部位特色

猜測應是1945年5月左右的量產車。砲管一體成型，裝備了舊款砲口制退器，戰鬥艙背面設有儲物箱。由於隸屬第654重戰車驅逐營，因此車載工具並未使用正規的掛架，僅分散配置於車身後方。車身塗裝有細棋盤格狀的防磁紋塗層。

以鋼板蓋住近迫防禦武器設置開口。

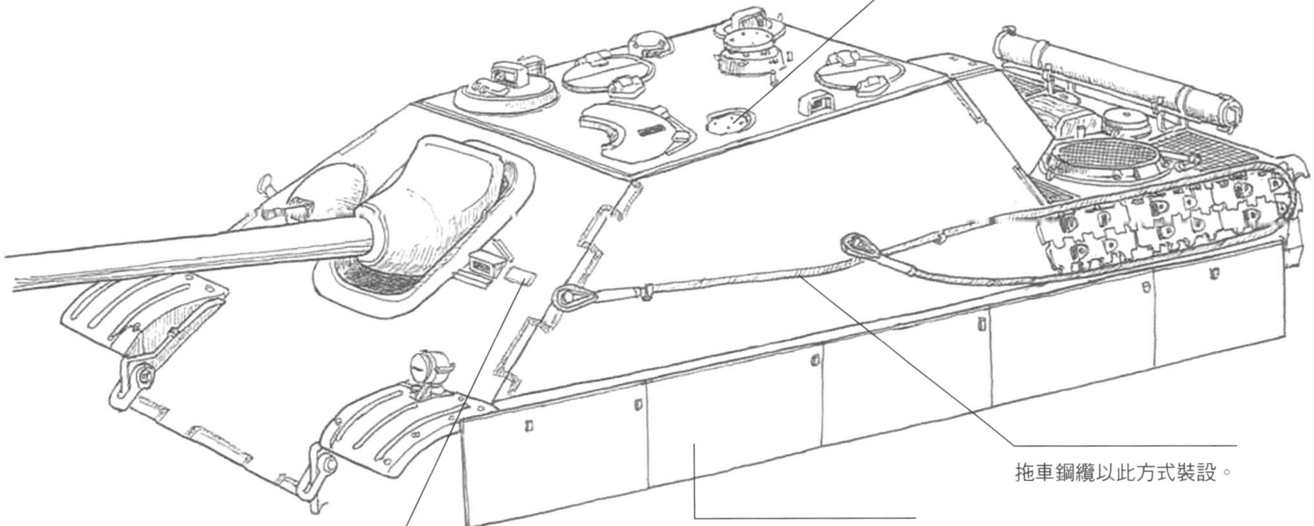

拖車鋼纜以此方式裝設。

車身側面裝備完整裙板。

廢除左側駕駛手潛望鏡，以鋼板蓋住開口（軍方佈達的命令則要求自1944年5月起，要以裝甲栓焊死駕駛手潛望鏡的開口）。

砲管為舊款的一體成型樣式。

戰鬥艙背面左側裝備了儲物箱。

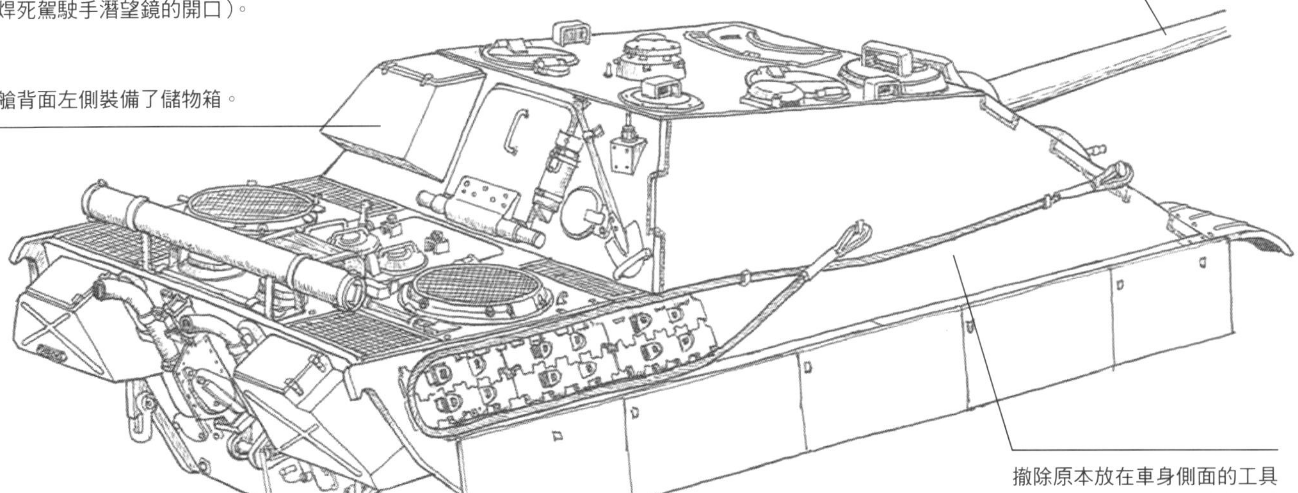

撤除原本放在車身側面的工具架。車載工具則是分別移至戰鬥艙背面、動力艙上面及車身背面。

第654重戰車驅逐營車輛的車載工具配置

箭頭代表工具配置處。動力艙上面左側的圓形柵門周圍4個位置焊有小鋼板，能將履帶更換用鋼纜捆繞在柵門周圍。

①拖車鋼纜
②圓鍬
③滅火器
④鐵鎚
⑤斧頭
⑥千斤頂台座
⑦通砲桿盒
⑧履帶更換用鋼纜
⑨破壞剪

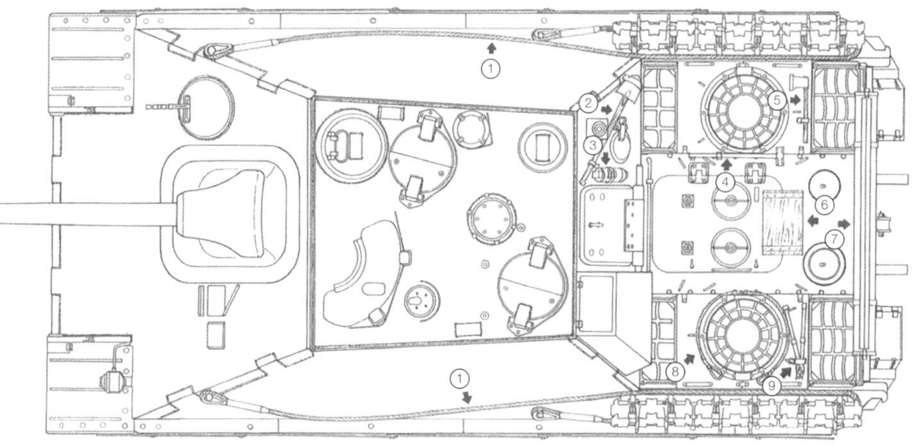

Jagdpanther G1
3./ schwere Panzerjäger Abteilung 654, No.332
August 1944 Western Front/ Normandy

〔圖19〕

獵豹式G1
第654重戰車驅逐營
第3連332號車
1944年8月　西部戰線／諾曼第

塗裝是以基本色RAL7028暗黃色為底，搭配RAL6003橄欖綠和RAL8017巧克力棕2種迷彩色，做成三色迷彩造型。戰鬥艙側面和背面左側的儲物箱寫了砲號「332」，國籍標識的德軍樑狀十字徽除了出現在戰鬥艙側面、車身背面左側的標準位置，側面前方也可見此標誌（不確定車身左側有沒有）。此車也是先塗裝防磁紋塗層後，才變更車載工具位置，因此原本的設置位置（以及設置備用履帶的位置）皆未塗裝。

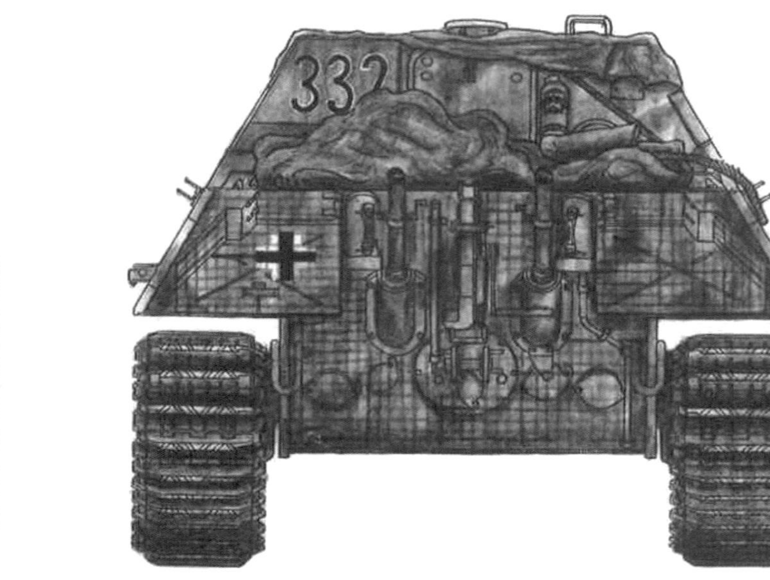

Jagdpanther G1

3./ schwere Panzerjäger Abteilung 654, No.321（estimated）
August 1944 Western Front/ Normandy

〔圖20〕

獵豹式G1 第654重戰車驅逐營 第3連321號車（推測）

1944年8月　西部戰線／諾曼第

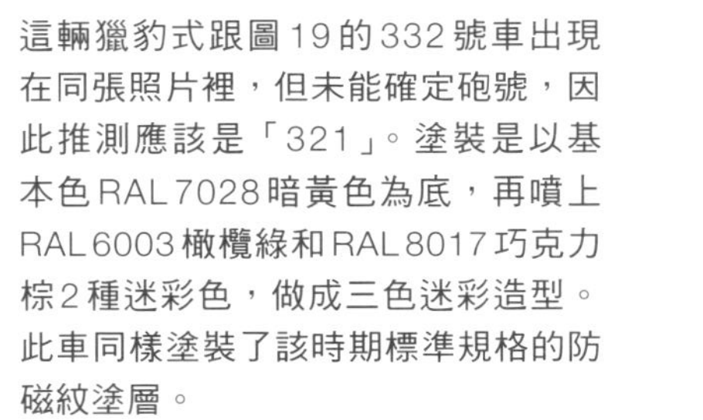

這輛獵豹式跟圖19的332號車出現在同張照片裡，但未能確定砲號，因此推測應該是「321」。塗裝是以基本色RAL7028暗黃色為底，再噴上RAL6003橄欖綠和RAL8017巧克力棕2種迷彩色，做成三色迷彩造型。此車同樣塗裝了該時期標準規格的防磁紋塗層。

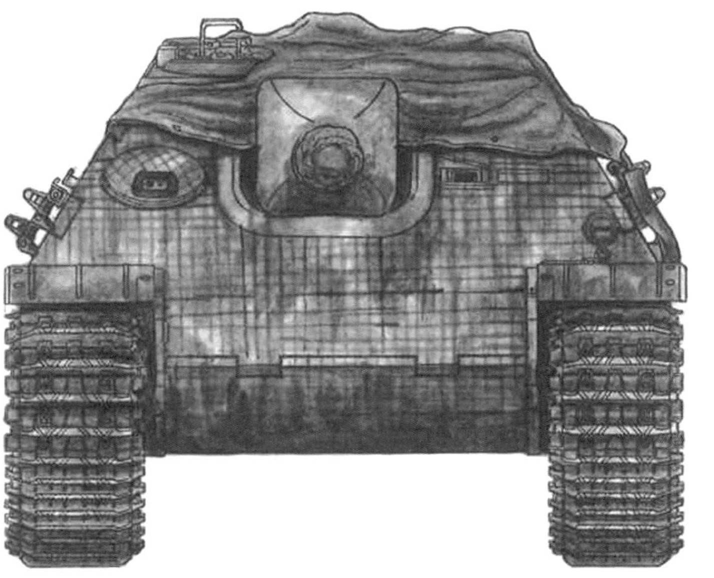

〔圖19〕

獵豹式G1 第654重戰車驅逐營 第3連332號車

Jagdpanther G1 3./ schwere Panzerjäger Abteilung 654, No.332

車身各部位特色

1944年5～6月的量產車，戰鬥艙背面裝備有儲物箱。此車同屬第654重戰車驅逐營，所以也撤除了車身側面的工具架，並將車載工具分別移至戰鬥艙背面、動力艙上面及車身背面。砲管為新型兩截式，但砲口制退器仍沿用舊款。車身塗裝有細棋盤格狀的防磁紋塗層。

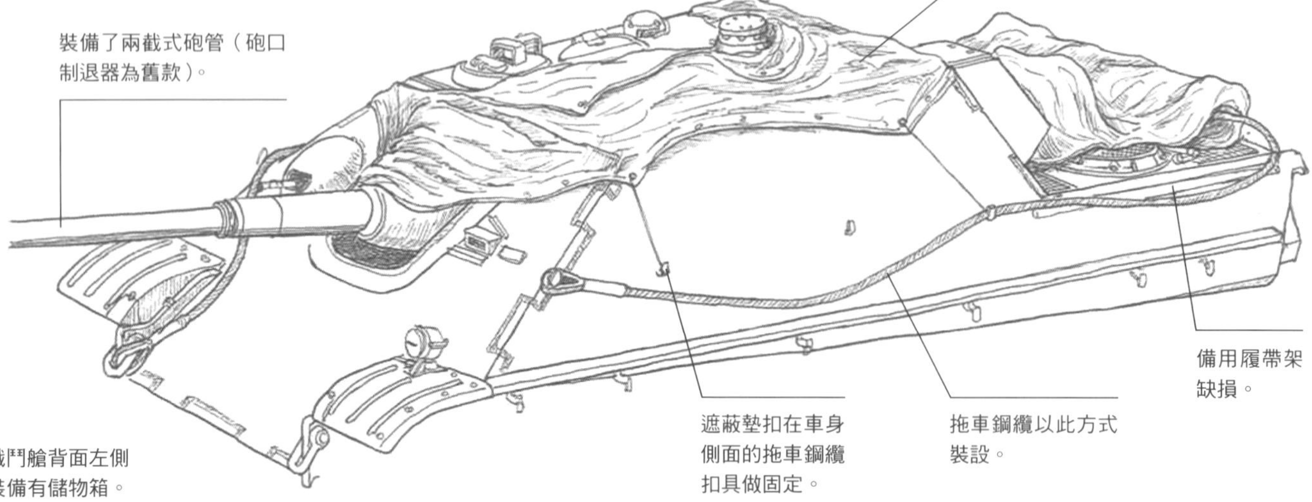

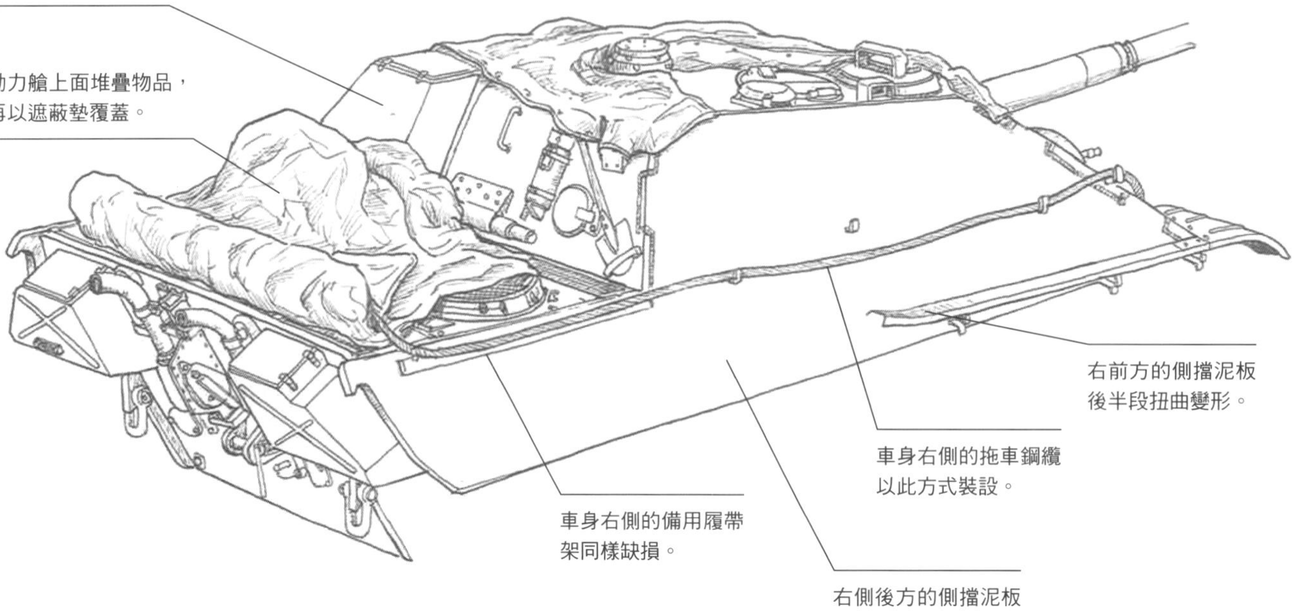

遮蔽墊蓋住整個戰鬥艙上方。

裝備了兩截式砲管（砲口制退器為舊款）。

備用履帶架缺損。

遮蔽墊扣在車身側面的拖車鋼纜扣具做固定。

拖車鋼纜以此方式裝設。

戰鬥艙背面左側裝備有儲物箱。

動力艙上面堆疊物品，再以遮蔽墊覆蓋。

右前方的側擋泥板後半段扭曲變形。

車身右側的拖車鋼纜以此方式裝設。

車身右側的備用履帶架同樣缺損。

右側後方的側擋泥板缺損。

第654重戰車驅逐營的車載工具配置

戰鬥艙背面及車身背面的工具移動狀態如下。1945年2月之後，該驅逐營車輛的車載工具配置方式（也要參照上一頁）同樣導入量產階段的車輛。

①圓鍬
②滅火器
③通砲桿盒
④C形扣環
⑤履帶張力調節套筒
⑥引擎啟動用曲柄

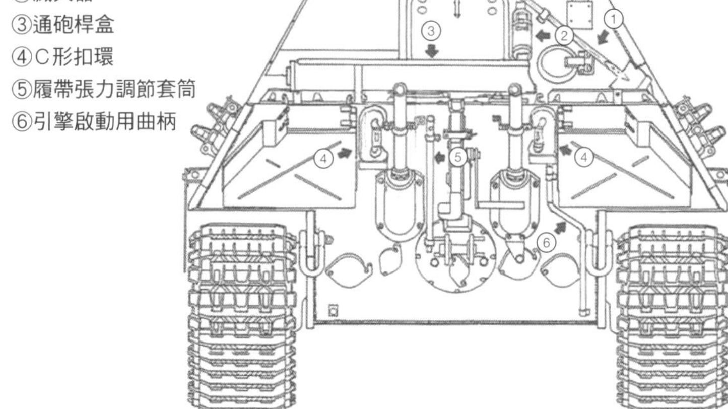

第654重戰車驅逐營車輛的戰鬥艙背面

逃生門正右方備有滅火器和圓鍬。左邊的儲物箱則是自1944年5月才開始裝備。

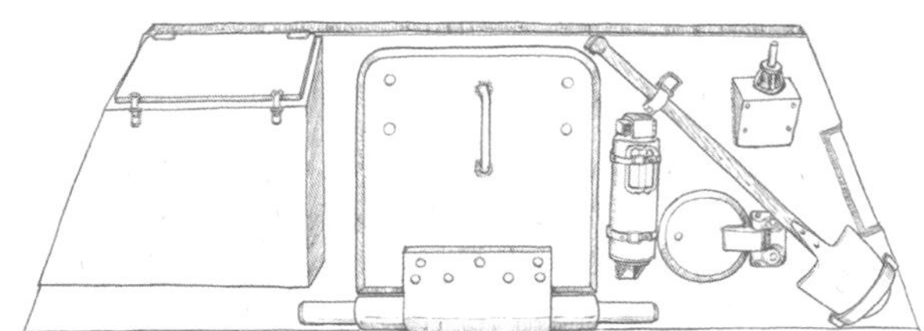

〔圖20〕

獵豹式G1 第654重戰車驅逐營 第3連321號車（推測）

Jagdpanther G1 3./ schwere Panzerjäger Abteilung 654, No.321（estimated）

車身各部位特色

1944年5～6月的量產車，此車同屬第654重戰車驅逐營，所以車載工具也分別被移至戰鬥艙背面、動力艙上面及車身背面。一體成型的砲管，砲口制退器雖然被蓋住，但猜測應為舊款。戰鬥艙背面裝備了儲物箱。車身塗裝有細棋盤格狀的防磁紋塗層。

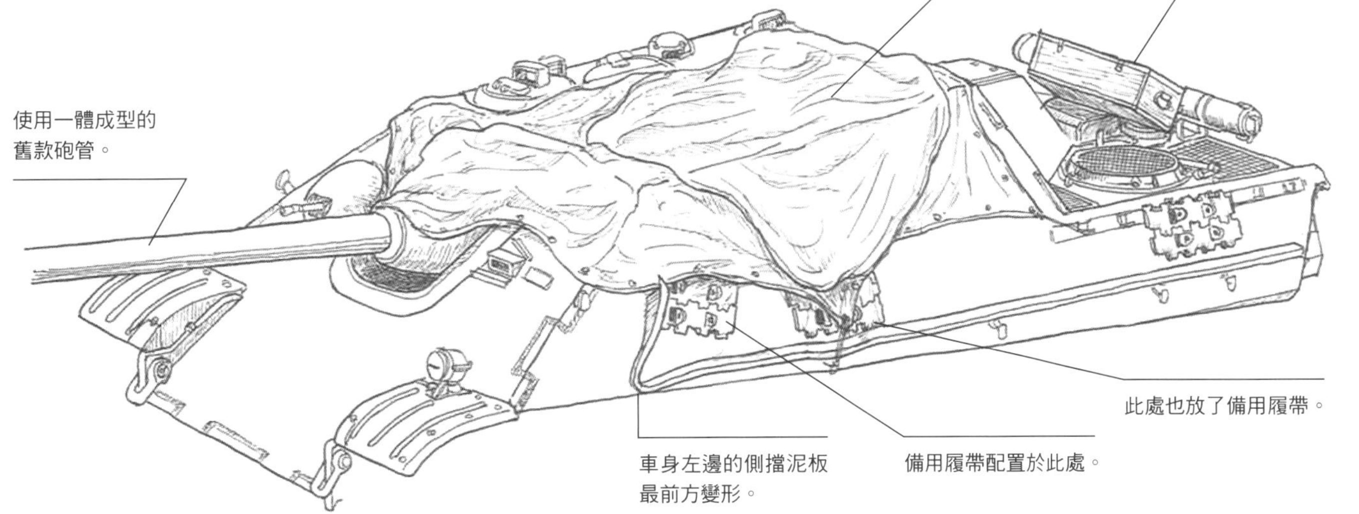

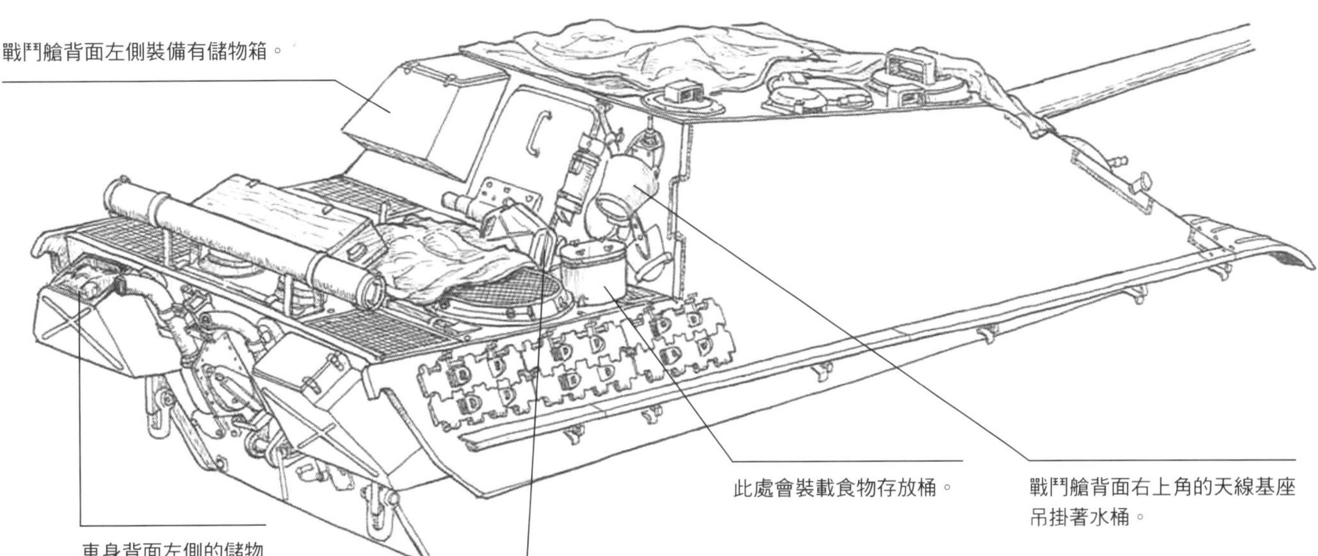

第654重戰車驅逐營車輛的動力艙上方中央面板

檢修門蓋、後側加油口（圖片上面）和加水口蓋間加設千斤頂台座固定扣具（4塊鋼板），門蓋鉸鍊外側則是增設固定鐵鎚用的扣具。

第654重戰車驅逐營車輛的車身背面

左右儲物箱內側都裝有C形扣環，左右排氣管之間則配置了千斤頂，左排氣管內側設置履帶張力調節套筒，右排氣管外側則放了引擎啟動用曲柄。

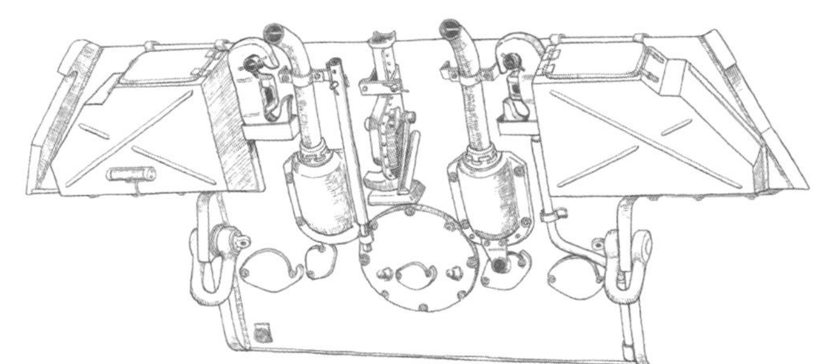

Jagdpanther G1 Befehlswagen

Stab./ schwere Panzerjäger Abteilung 559, No.01
September 1944 Western Front/ Belgium

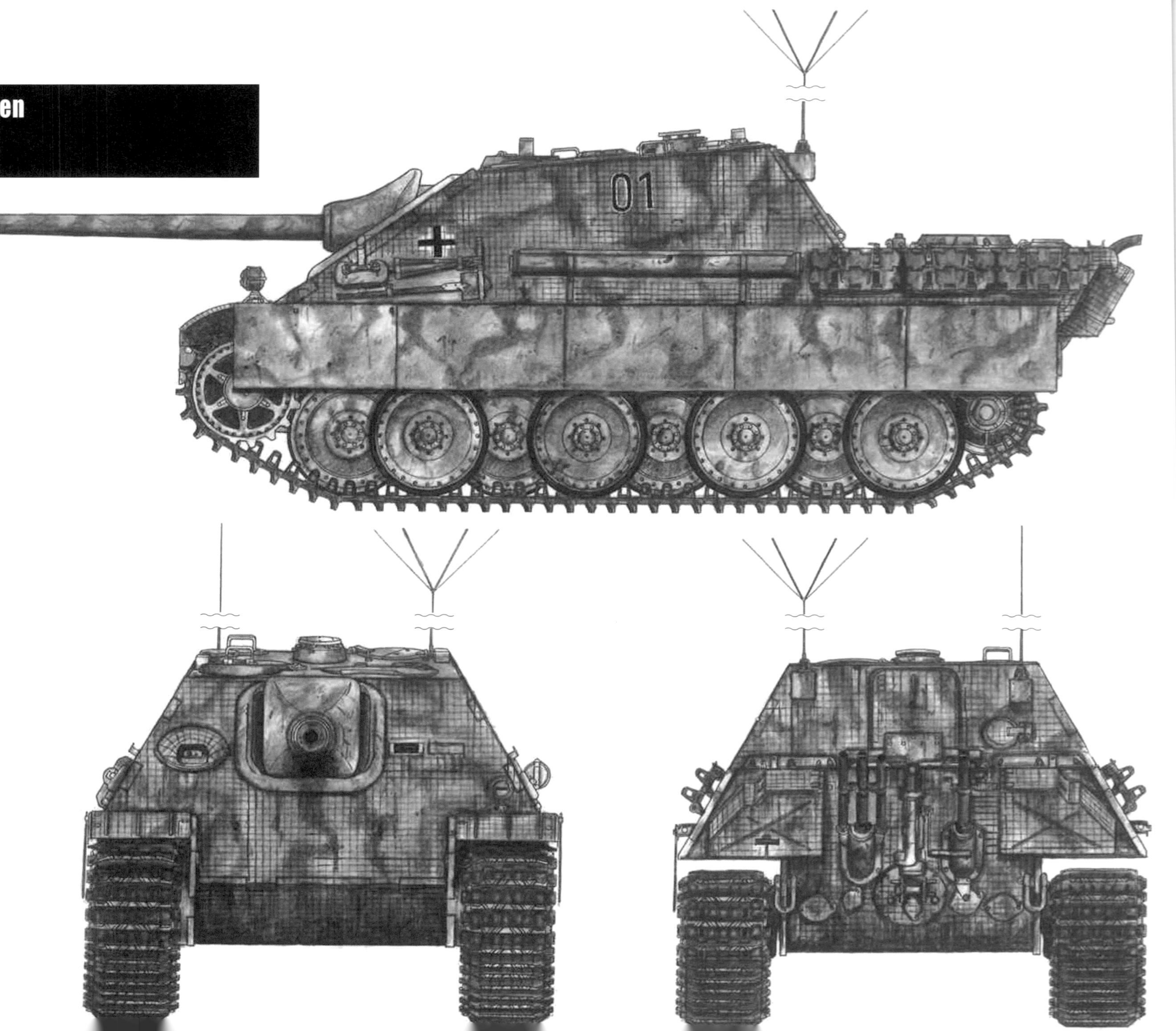

〔圖21〕

獵豹式G1 指揮車型 第559重戰車驅逐營 本部01號車

1944年9月　西部戰線／比利時

塗裝是以基本色RAL7028暗黃色，搭配迷彩RAL6003橄欖綠和RAL8017巧克力棕2種迷彩色，做成標準的三色迷彩造型。戰鬥艙側面上方寫有砲號「01」。圖片雖然是黑底白框的數字，但實際上也有可能是紅底白框。國籍標識的德軍樑狀十字徽只出現在戰鬥艙側面的前半部，車身塗裝有防磁紋塗層。

Jagdpanther G1

1./ schwere Panzerjäger Abteilung 654, No.112
October 1944 Germany/ Grafenwöhr

〔圖22〕

獵豹式G1
第654重戰車驅逐營
第1連112號車

1944年10月　德國國內／格拉芬韋赫

以RAL 7028暗黃色、RAL 6003橄欖綠和RAL 8017巧克力棕打造成標準的三色迷彩，但2個迷彩色看起來佔去相當大的面積。戰鬥艙側面和背面左側的儲物箱上皆以紅底白框寫了砲號「112」(也可能是黑底白框)。國籍標識的德軍樑狀十字徽除了畫在戰鬥艙正面、側面後半部之外，也可見於車身背面左右兩側的儲物箱上。整車雖然塗裝了防磁紋塗層，但原本設置車載工具及通砲桿盒的位置並未追加塗裝。

〔圖21〕

獵豹式G1 指揮車型 第559重戰車驅逐營 本部01號車

Jagdpanther G1 Befehlswagen Stab./ schwere Panzerjäger Abteilung 559, No.01

車身各部位特色

由MIAG公司在1944年7月生產，車身編號300054。砲管為一體成型式，搭配舊款砲口制退器。廢除駕駛手潛望鏡上的排雨條，並於車身背面左側排氣管加裝冷卻空氣進氣管。由於是指揮車型，戰鬥艙背面左側還加裝了無線電的天線基座。此車在1944年9月於比利時遭英軍擄獲，目前展示於英國的帝國戰爭博物館。

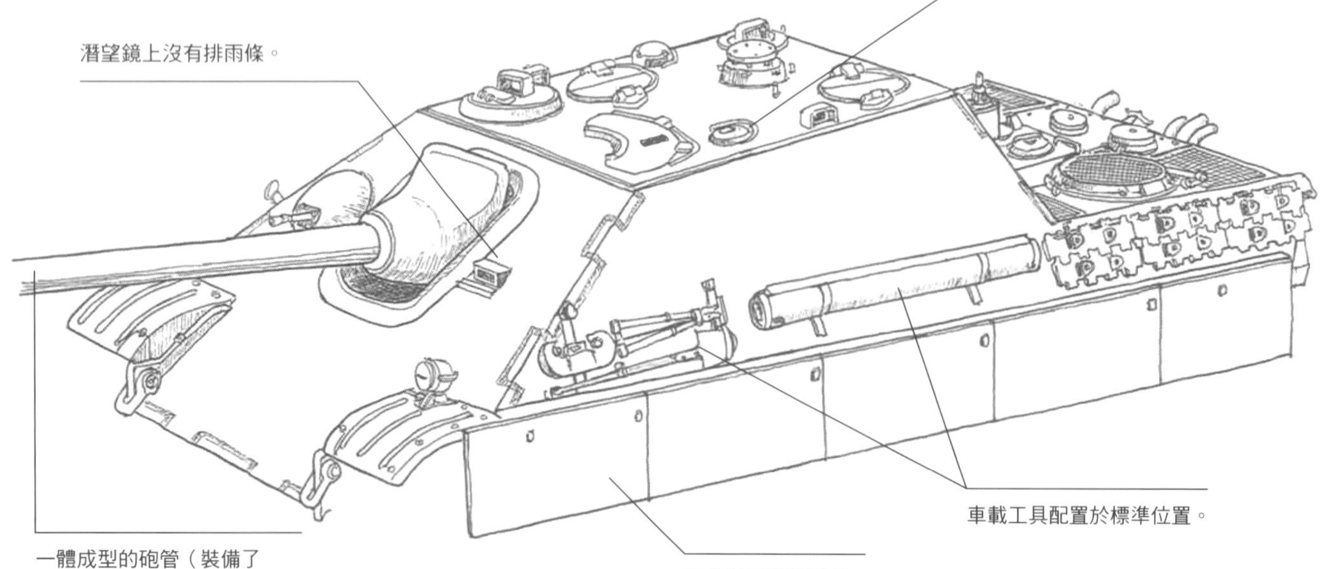

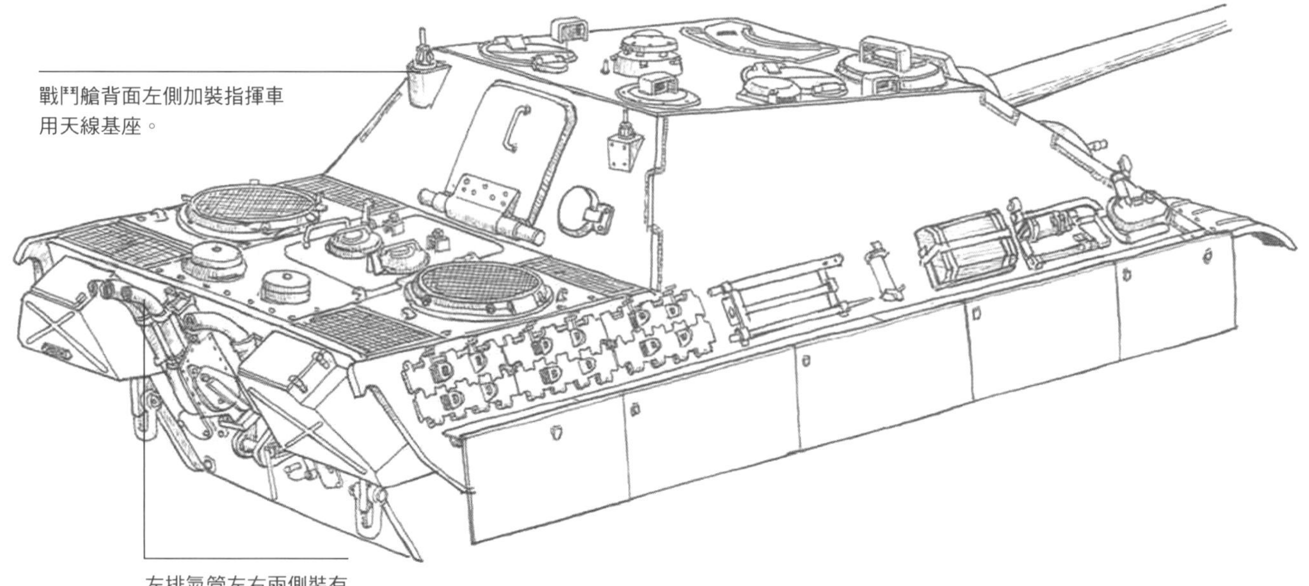

戰鬥艙背面

【一般型】

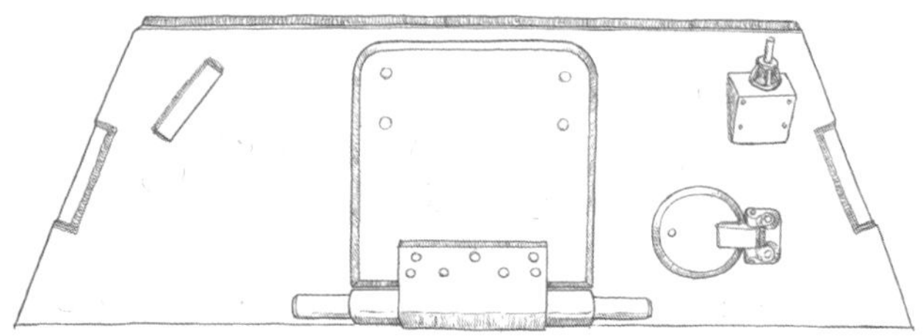

戰鬥艙背面左側增設了無線電的天線穿孔，一般車輛會像圖片一樣，用長方形鐵片焊接蓋住洞口（早期量產車）。

【指揮車型】

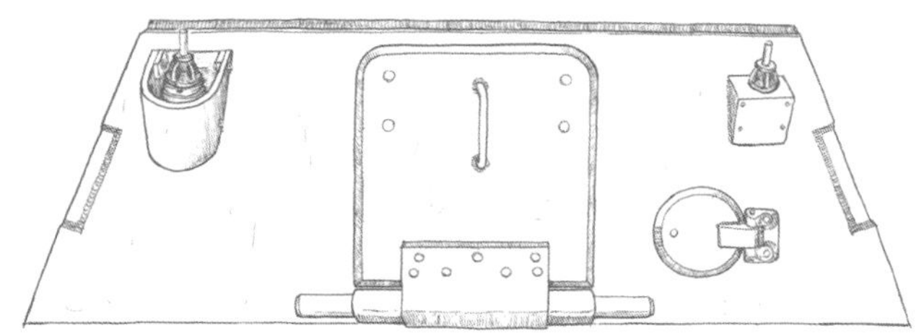

指揮車型會在左側設置無線電的天線基座。

〔圖22〕

獵豹式G1 第654重戰車驅逐營 第1連112號車

Jagdpanther G1 1./ schwere Panzerjäger Abteilung 654, No.112

車身各部位特色

1944年6月左右的量產車。由於隸屬第654重戰車驅逐營，因此車載工具會移至戰鬥艙背面、動力艙上面及車身背面。砲管為一體成型式，搭配舊款砲口制退器。戰鬥艙背面設置了儲物箱。車身塗裝有細棋盤格狀的防磁紋塗層。

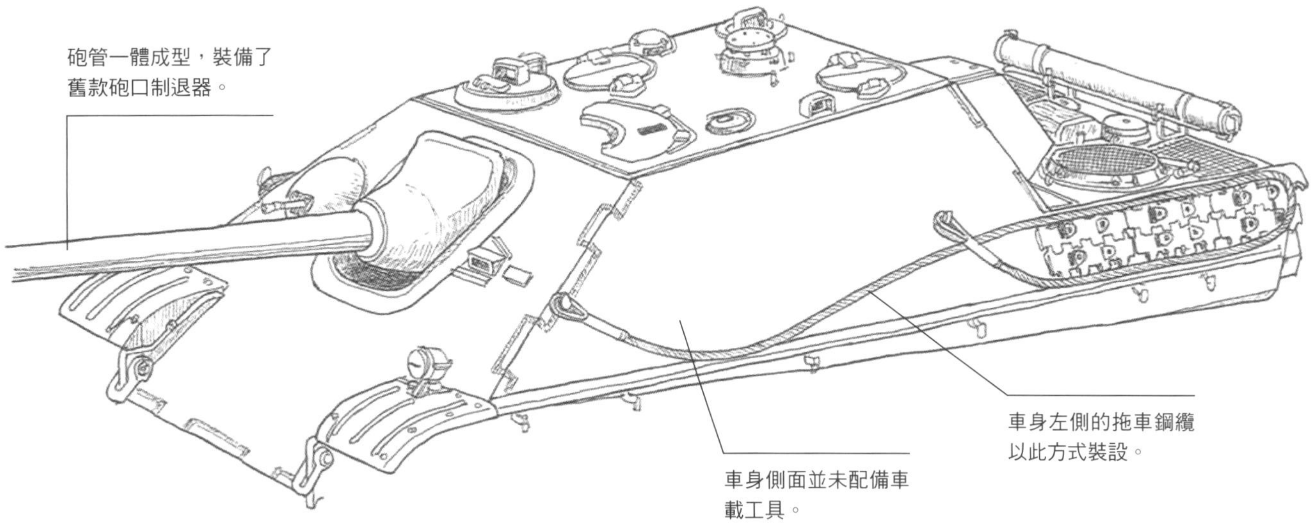

砲管一體成型，裝備了舊款砲口制退器。

車身左側的拖車鋼纜以此方式裝設。

車身側面並未配備車載工具。

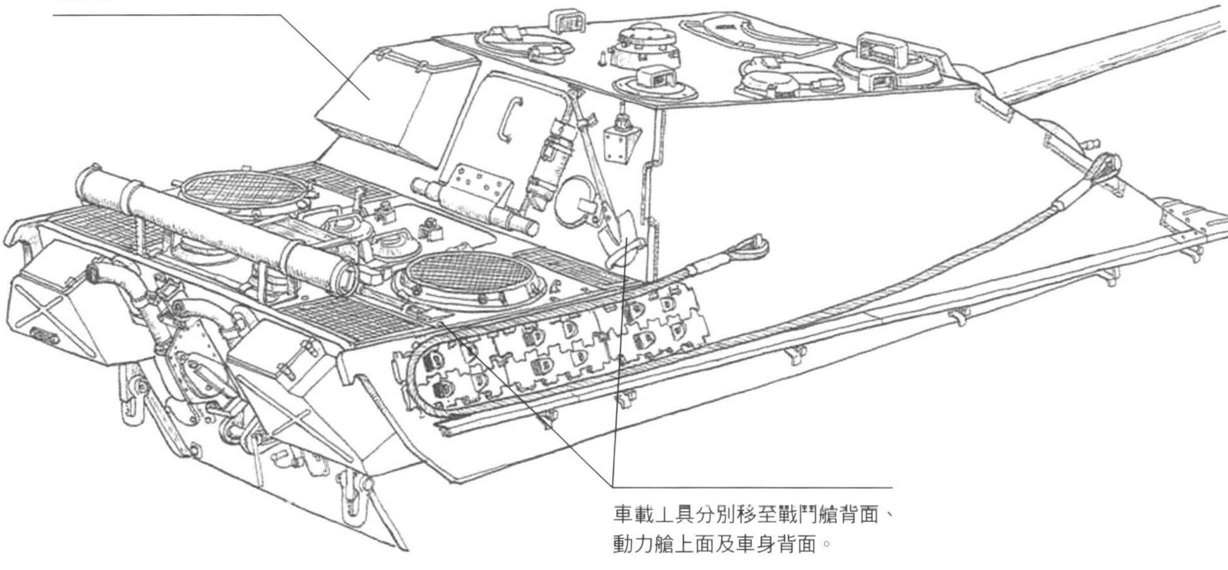

戰鬥艙背面左側裝備了儲物箱。

車載工具分別移至戰鬥艙背面、動力艙上面及車身背面。

一體成型的砲管

舊款砲管。根據書面資料顯示，原本預計從1944年5月的量產車開始改成新型的兩截式砲管，但以實際情況來看，截至同年10月為止，都還與舊款的一體成型式砲管並用。砲口制退器也同時存在舊（上圖）、新（下圖）2種類型。

早期型的主砲基座裝甲襯套

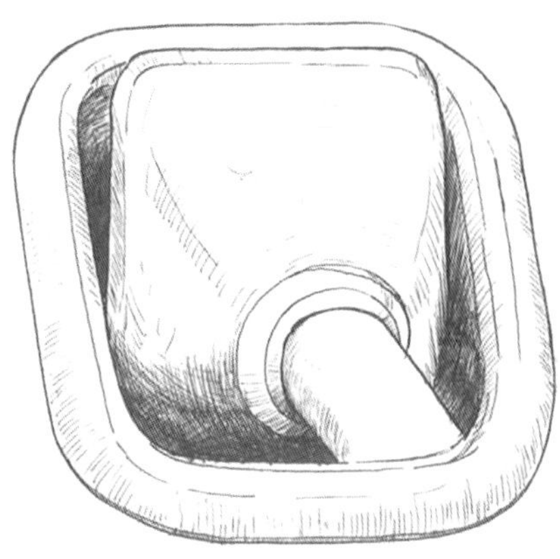

據書面資料顯示，這是1944年8月以前生產的量產車所使用的裝甲襯套。由於是從戰鬥艙內以螺絲鎖住固定，所以從外觀看不見鎖附螺絲。順帶一提，市面上的書籍和模型為了簡單區分，都是將搭載這款防盾的車輛歸類為「早期型」。

Jagdpanther G1

3./ schwere Panzerjäger Abteilung 654, No.321
October 1944 Germany/ Grafenwöhr

〔圖23〕

獵豹式G1
第654重戰車驅逐營
第3連321號車

1944年10月　德國國內／格拉芬韋赫

與圖22的112號車同時期的第3連車輛。此車雖然同樣施以RAL7028暗黃色、RAL6003橄欖綠和RAL8017巧克力棕組合的標準三色迷彩，但迷彩紋樣是較粗的直線條。戰鬥艙側面和背面左側儲物箱的砲號「321」顏色為紅底白框（也可能是黑底白框）。國籍標識則標示在戰鬥艙正面、側面前半部和車身背面左側的儲物箱上。此車未塗裝防磁紋塗層（1944年9月開始廢除），而且很難得地裝備了完整的裙板。

Jagdpanther G1

1./ schwere Panzerjäger Abteilung 560, No.131
December 1944 Western Front/ Ardennes

〔圖24〕

獵豹式G1 第560重戰車驅逐營 第1連131號車

1944年12月　西部戰線／阿登戰役

此車雖然同樣施以RAL7028暗黃色、RAL6003橄欖綠和RAL8017巧克力棕組合的標準三色迷彩，但迷彩是斜向延伸的不規則條紋，造型相當獨特。砲號「131」的顏色為黑底白框（也可能是紅底白框）。國籍標識的德軍樑狀十字徽則標示在戰鬥艙側面、車身背面右側的儲物箱上。

〔圖23〕

獵豹式G1 第654重戰車驅逐營 第3連321號車

Jagdpanther G1 3./ schwere Panzerjäger Abteilung 654, No.321

車身各部位特色

此車隸屬第654重戰車驅逐營，所以車載工具同樣都被移至戰鬥艙背面、動力艙上面及車身背面。砲管為一體成型式，搭配了舊款砲口制退器。主砲基座的裝甲襯套是以螺絲從外側鎖附的大型樣式，由此可得知，此車為1944年10月之後的量產車。無車身背面照可參考，所以不能非常確定排氣管的形式，但推測可能有加裝冷卻空氣進氣管。車輛看起來並未塗裝防磁紋塗層。

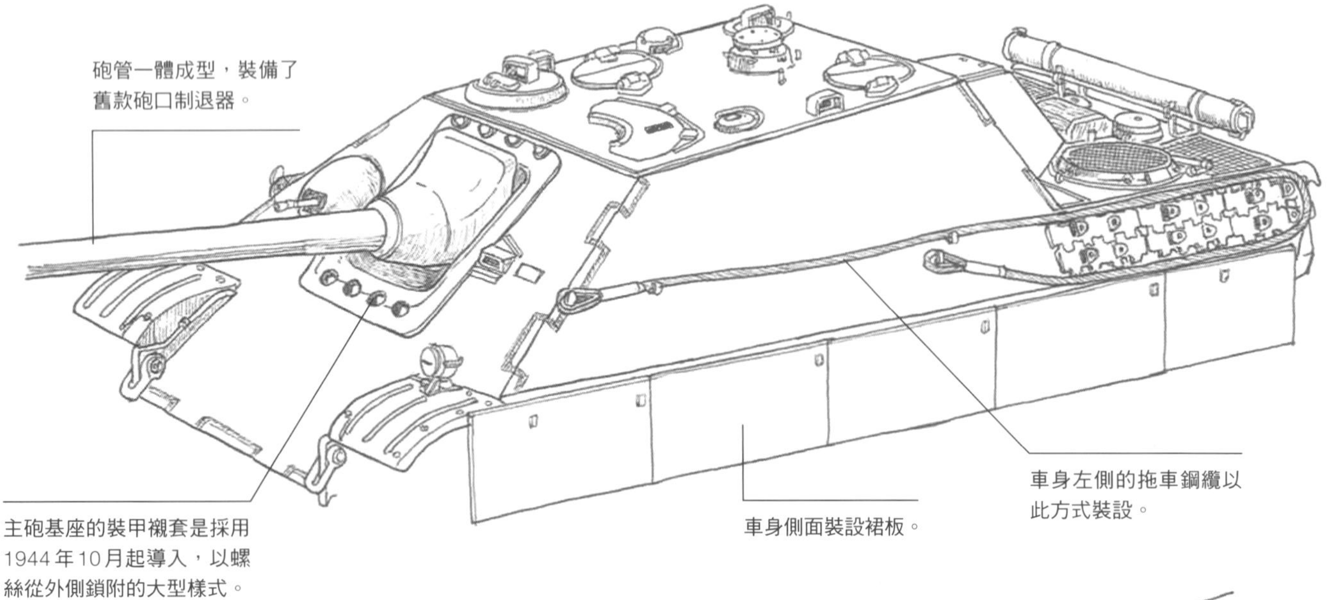

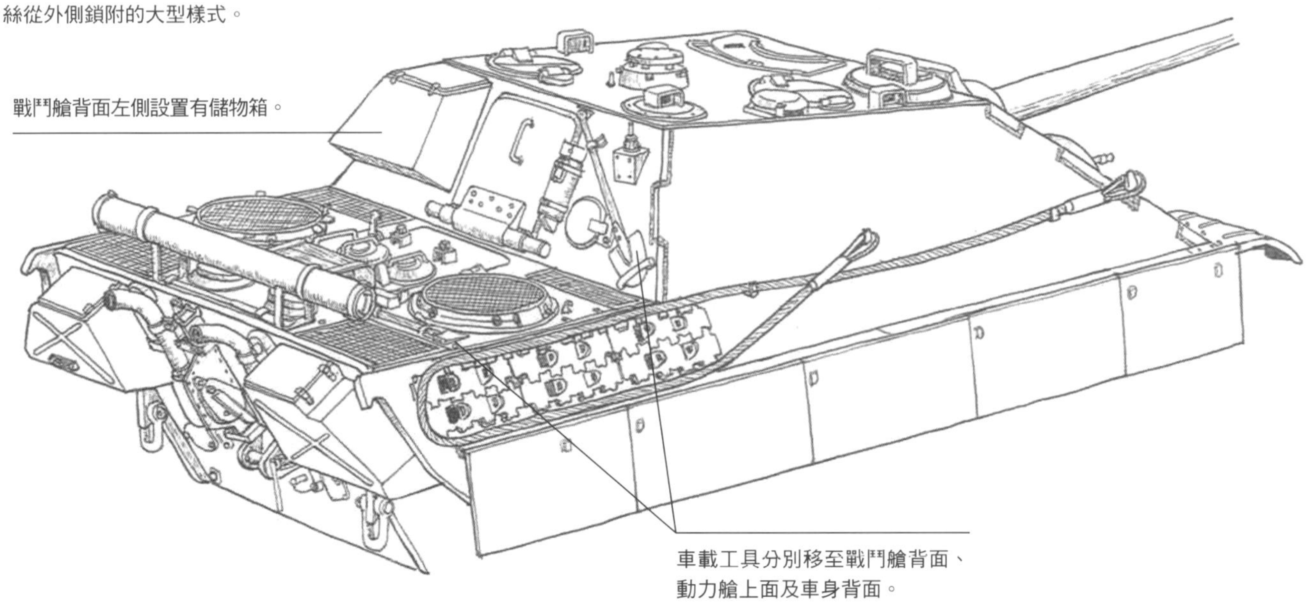

砲管一體成型，裝備了舊款砲口制退器。

主砲基座的裝甲襯套是採用1944年10月起導入，以螺絲從外側鎖附的大型樣式。

車身側面裝設裙板。

車身左側的拖車鋼纜以此方式裝設。

戰鬥艙背面左側設置有儲物箱。

車載工具分別移至戰鬥艙背面、動力艙上面及車身背面。

車身背面

【量產初期】

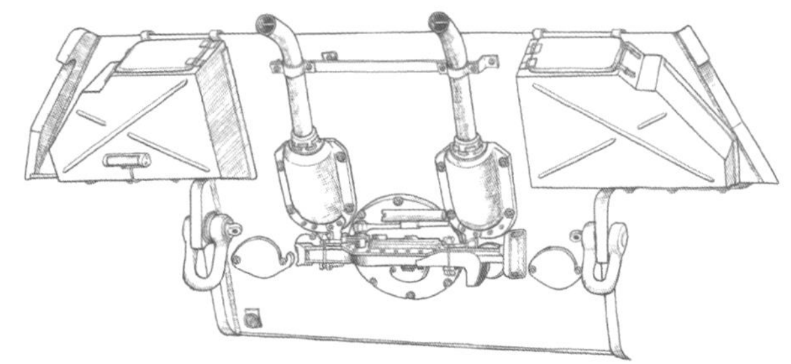

千斤頂橫架在下方的圓形檢修門蓋上。

【1944年2月之後的量產車】

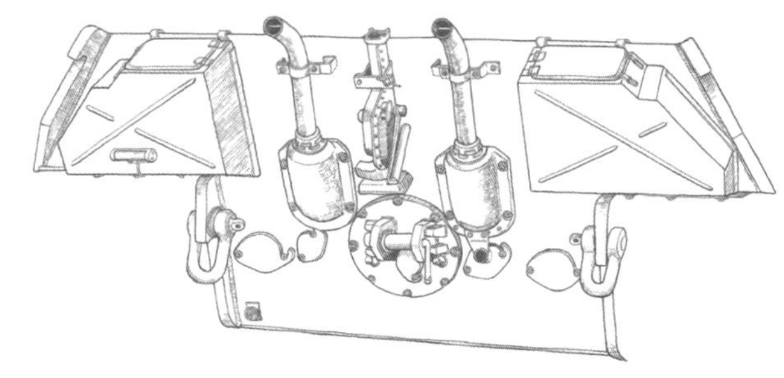

圓形檢修門蓋加裝了拖車眼環板，因此將千斤頂改成直放在排氣管間。

〔圖24〕

獵豹式G1 第560重戰車驅逐營 第1連131號車

Jagdpanther G1 1./ schwere Panzerjäger Abteilung 560, No.131

車身各部位特色

1944年10月之後的量產車。兩截式砲管，並搭載新型砲口制退器。主砲基座的裝甲襯套是必須從外側固定的大型樣式。無車身背面照可參考，所以只能推測排氣管的形式。車輛未塗裝防磁紋塗層。

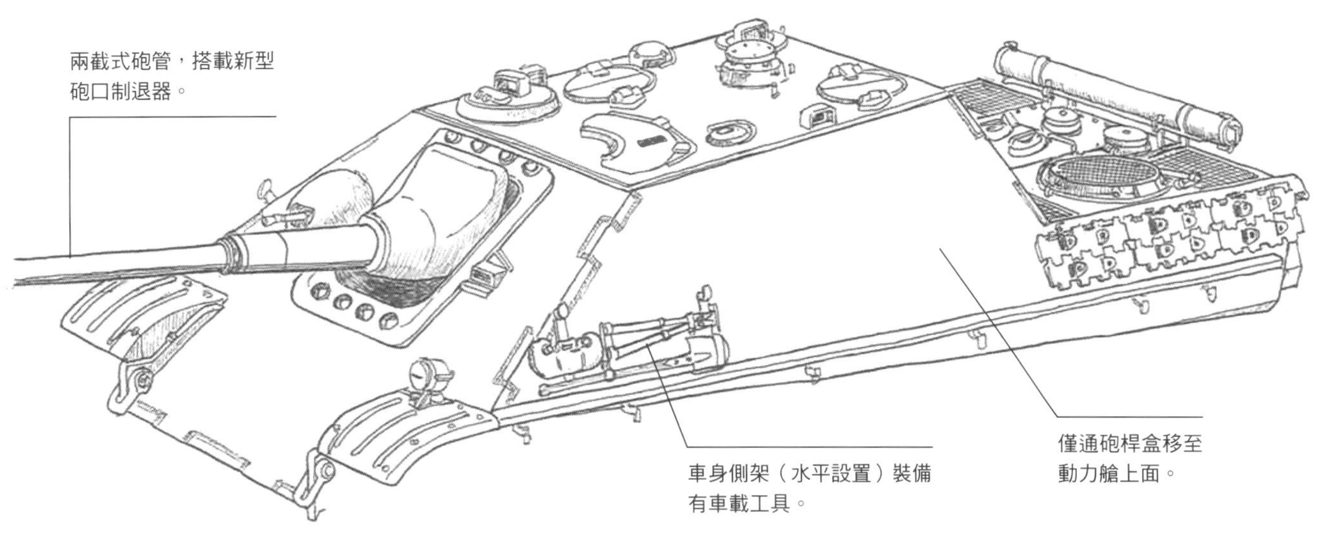

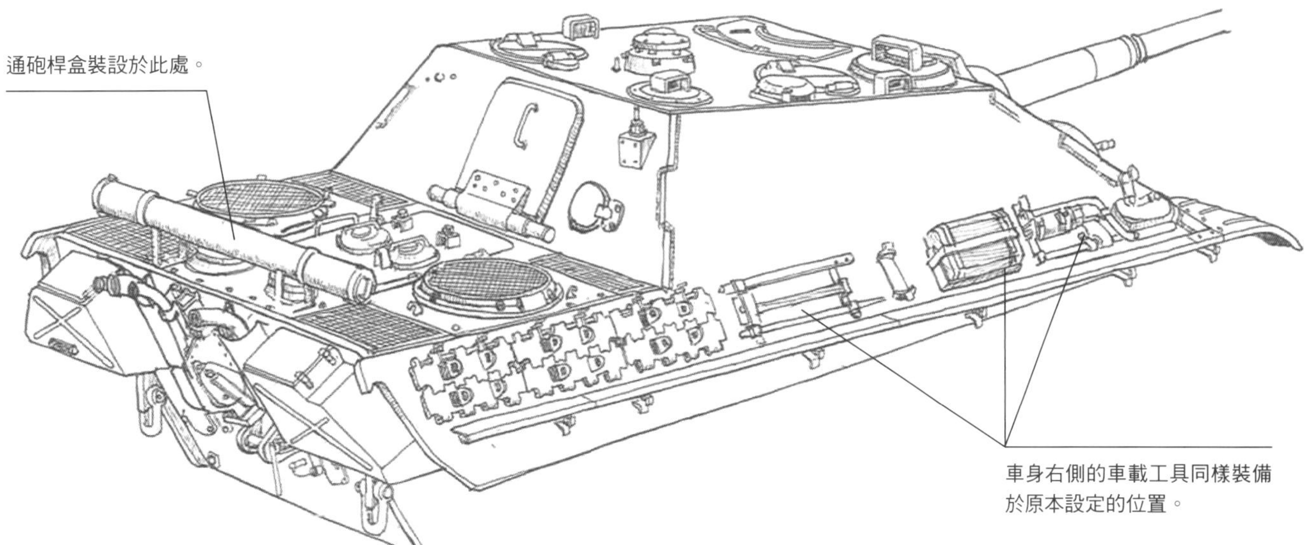

兩截式砲管

1944年5月起導入的新型砲管。砲口制退器則同時存在舊（上圖）、新（下圖）2種類型。

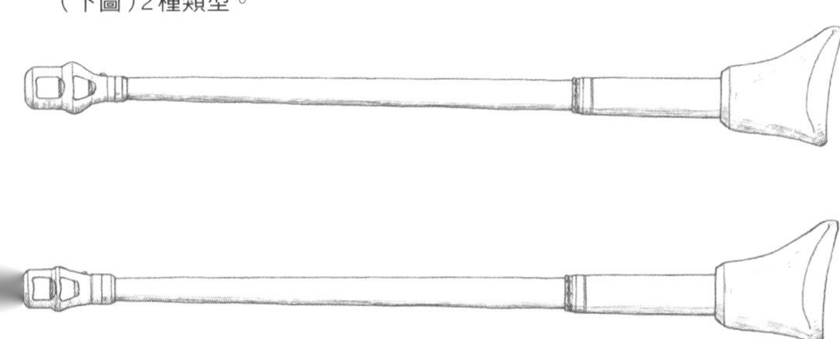

後期型主砲基座裝甲襯套

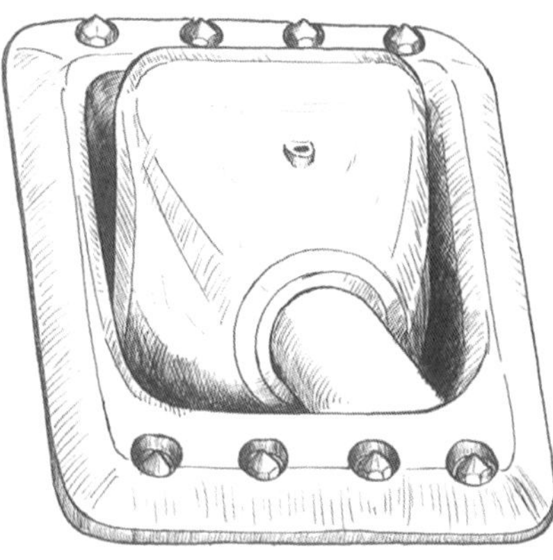

最初是從戰鬥艙內側以螺絲鎖附裝甲襯套，1944年9月開始採用從外側鎖螺絲固定的新型裝甲襯套（稱作「中期型」），但同年10月起，又切換成加強襯套下半部結構，提升防禦力的大型襯套零件。裝備大型裝甲襯套的車輛則會被歸類為「後期型」。

Jagdpanther G 2

3./ schwere Panzerjäger Abteilung 654, No.321
January 1945 France/ Colmar

〔圖25〕

獵豹式 G 2
第654重戰車驅逐營
第3連321號車

1945年1月　法國／科爾馬

先以RAL 7028暗黃色、RAL 6003橄欖綠和RAL 8017巧克力棕組合塗裝出標準三色迷彩，接著再以白漆施以冬季迷彩（整車的白漆嚴重剝落）。砲號「321」顏色為紅底白框。國籍標識的德軍樑狀十字徽則標示在戰鬥艙正面及側面前半部。另也推測，戰鬥艙背面左側的儲物箱和車身背面兩側的儲物箱上分別寫有砲號及國籍標識。

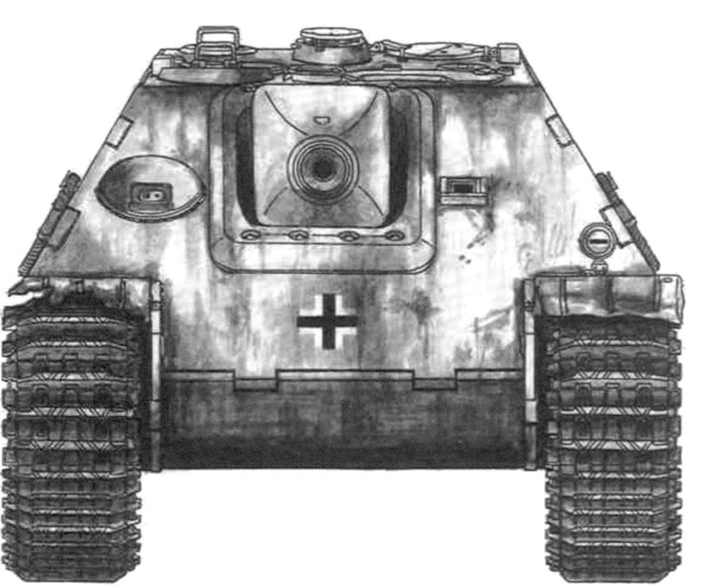

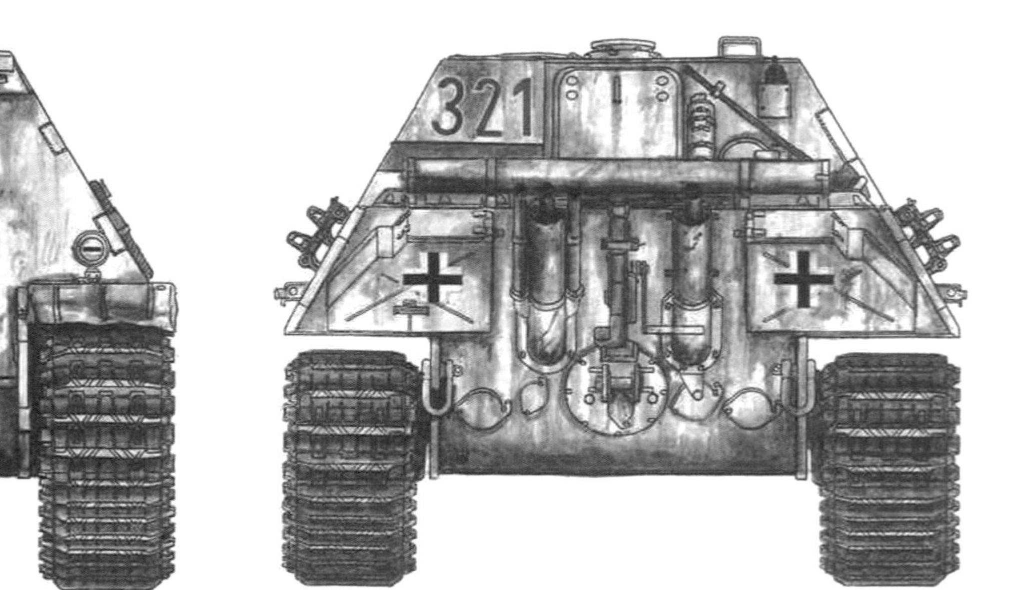

Jagdpanther G1
Unit unknown, No.211
March 1945 Germany/ Ruhr sector

〔圖26〕

獵豹式G1
所屬部隊不詳 211號車

1945年3月　德國國內／魯爾戰區

先以RAL7028暗黃色、RAL6003橄欖綠和RAL8017巧克力棕的三色迷彩，再加上白漆，做成冬季迷彩造型（車身的白漆同樣出現嚴重掉色）。戰鬥艙側面的黑底白框砲號「211」字體偏小，標記方式較獨特。砲號上方和戰鬥艙側面前半部同樣畫有國籍標識（前半部的國籍標識顏色很淡）。

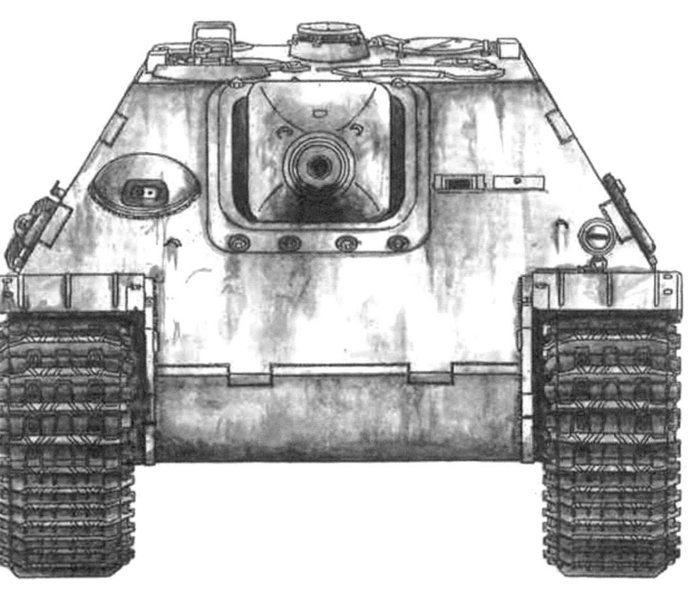

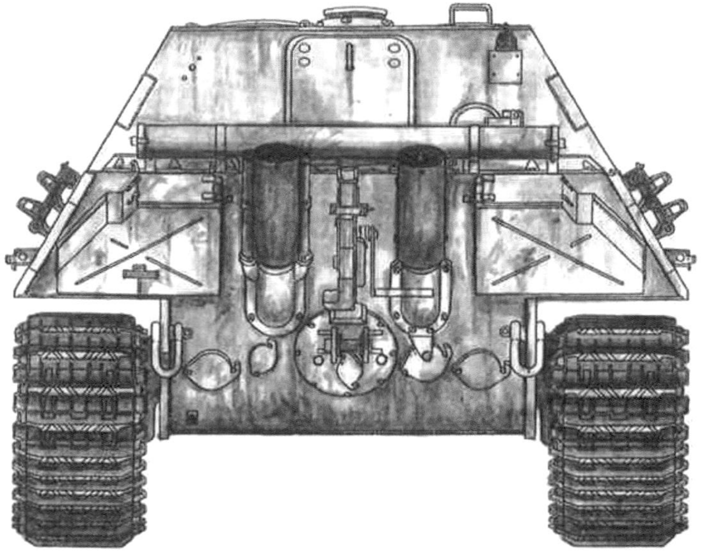

獵豹式G2 第654重戰車驅逐營 第3連321號車

Jagdpanther G2 3./ schwere Panzerjäger Abteilung 654, No.321

車身各部位特色

MNH公司在1944年11～12月左右生產的車輛，特徵在於透氣孔蓋設置在戰鬥艙上面的最前方。此車也隸屬第654重戰車驅逐營，因此車載工具分別被移至戰鬥艙背面、動力艙上面及車身背面。主砲基座裝甲襯套為後期型，並搭載新型砲口制退器，但砲管本身仍為舊款的一體成型樣式。戰鬥艙背面同樣可見儲物箱。無車身背面照可參考，所以只能推測排氣管周邊配置。車輛未塗裝防磁紋塗層。

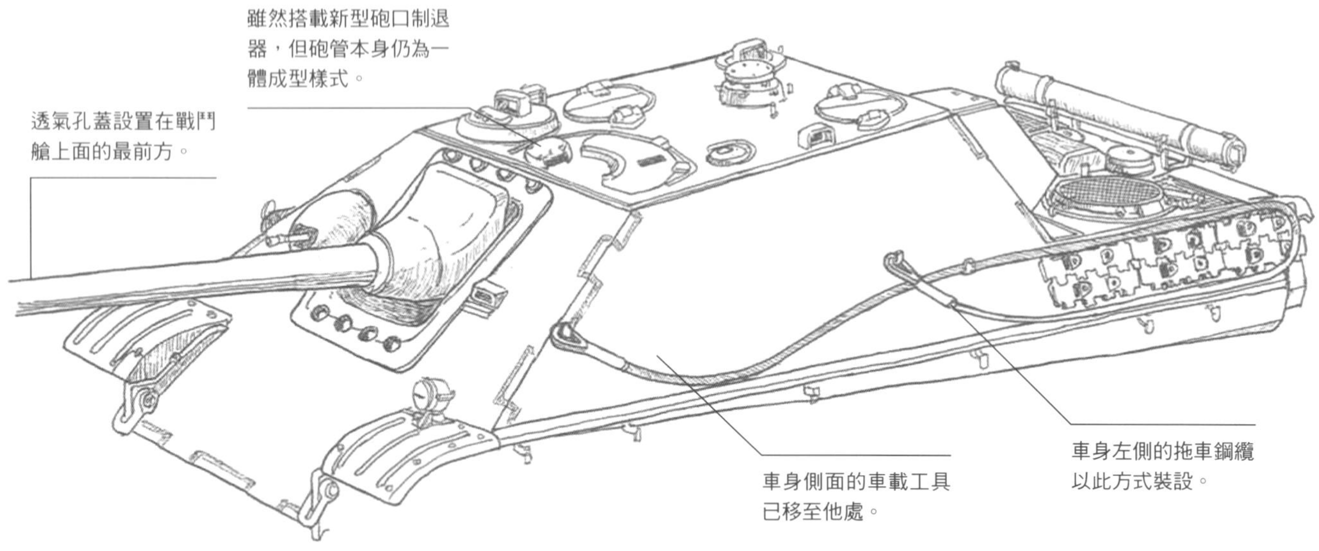

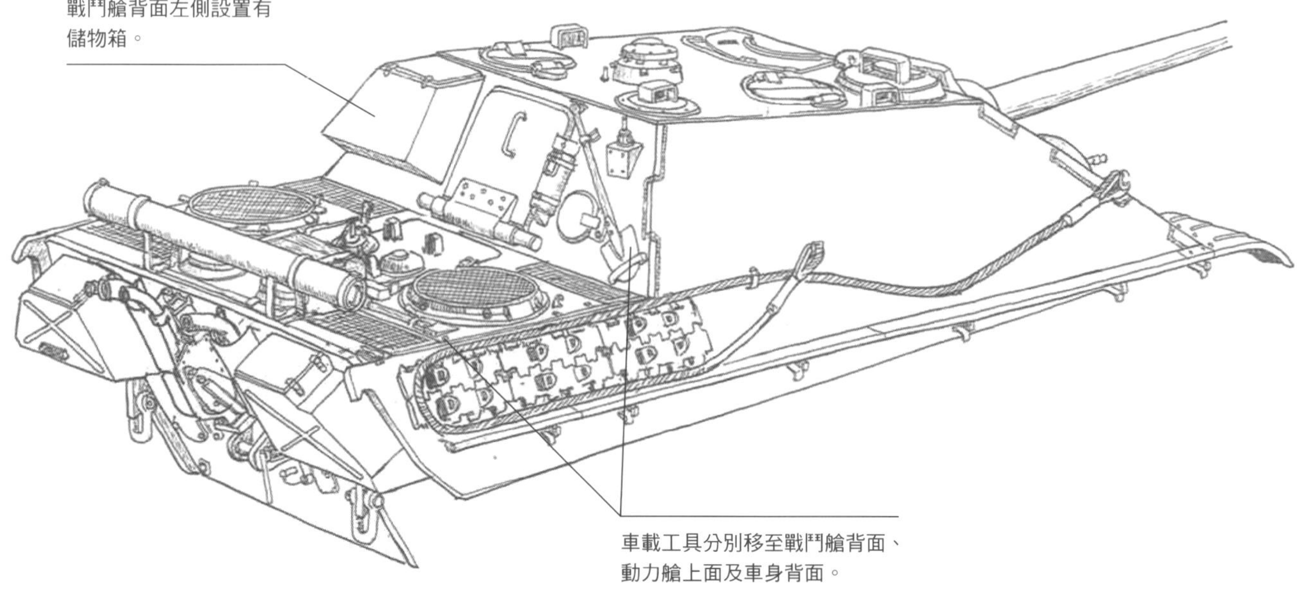

1944年7月之後的量產車戰鬥艙上面

【標準規格】

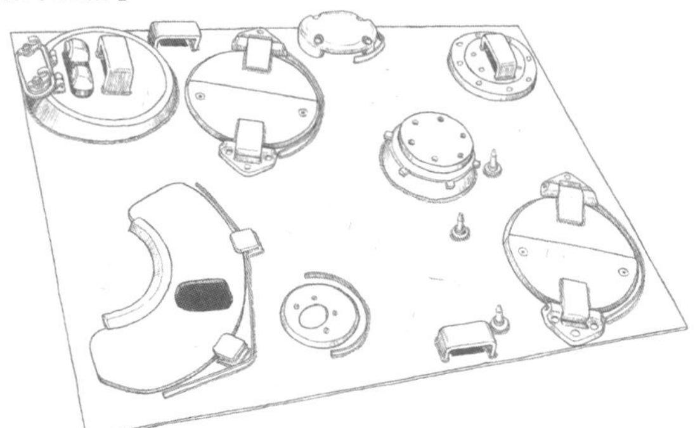

1944年7月起，上方艙板從16㎜加強成25㎜厚。焊在左後門蓋前方的3支尖柱是為了用來裝設雙眼式測距儀的基座，從1944年4月開始設置。

【MNH公司製車輛（僅一部分）規格】

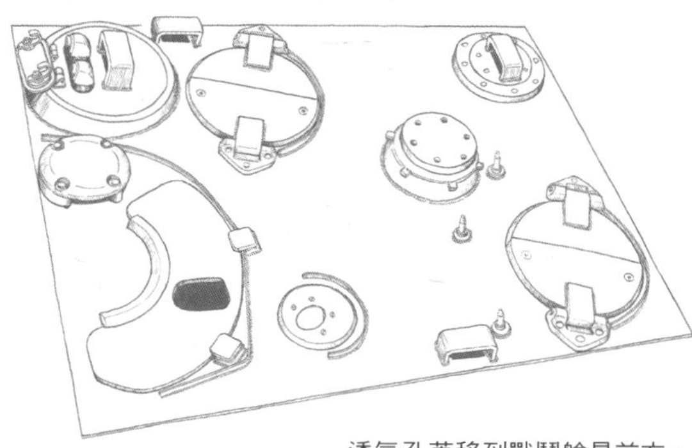

透氣孔蓋移到戰鬥艙最前方。是1944年11月之後，由MNH公司生產的部分量產車（10輛）可見的特徵。

〔圖26〕

獵豹式G1 所屬部隊不詳 211號車

Jagdpanther G1 Unit unknown, No.211

車身各部位特色

1944年9月量產車。主砲基座的裝甲襯套雖然是從外側固定的形式，但下側較短，厚度較薄，也就是所謂「中期型」規格。兩截式砲管，並搭載新型砲口制退器。車身背面左側的排氣管加裝了冷卻空氣進氣管，主排氣管則有將避火消音器式樣翻新。車輛未塗裝防磁紋塗層。

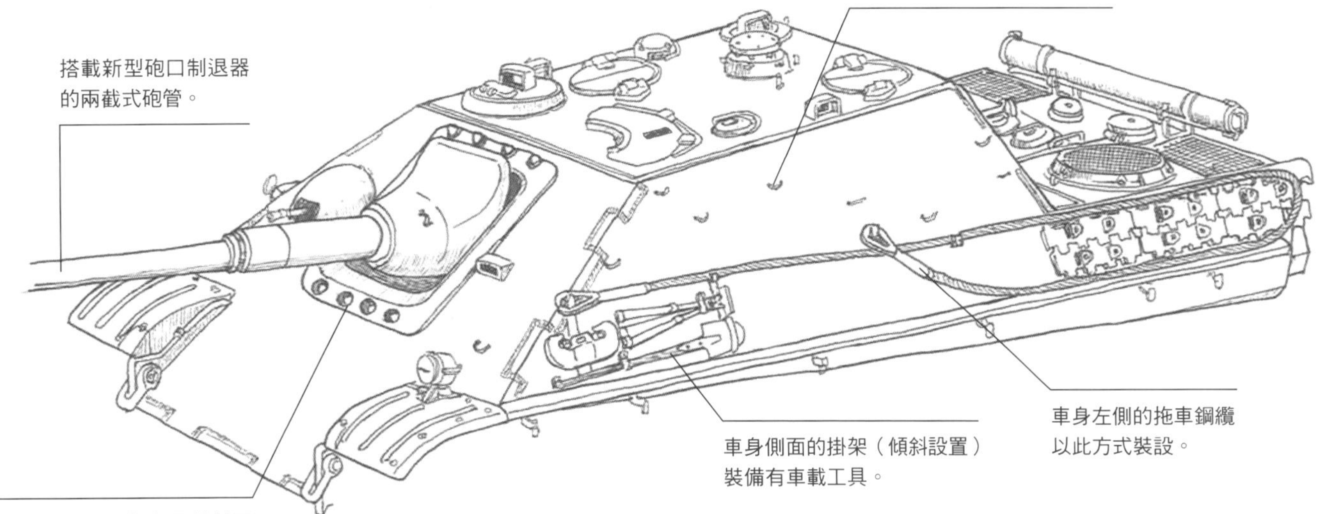

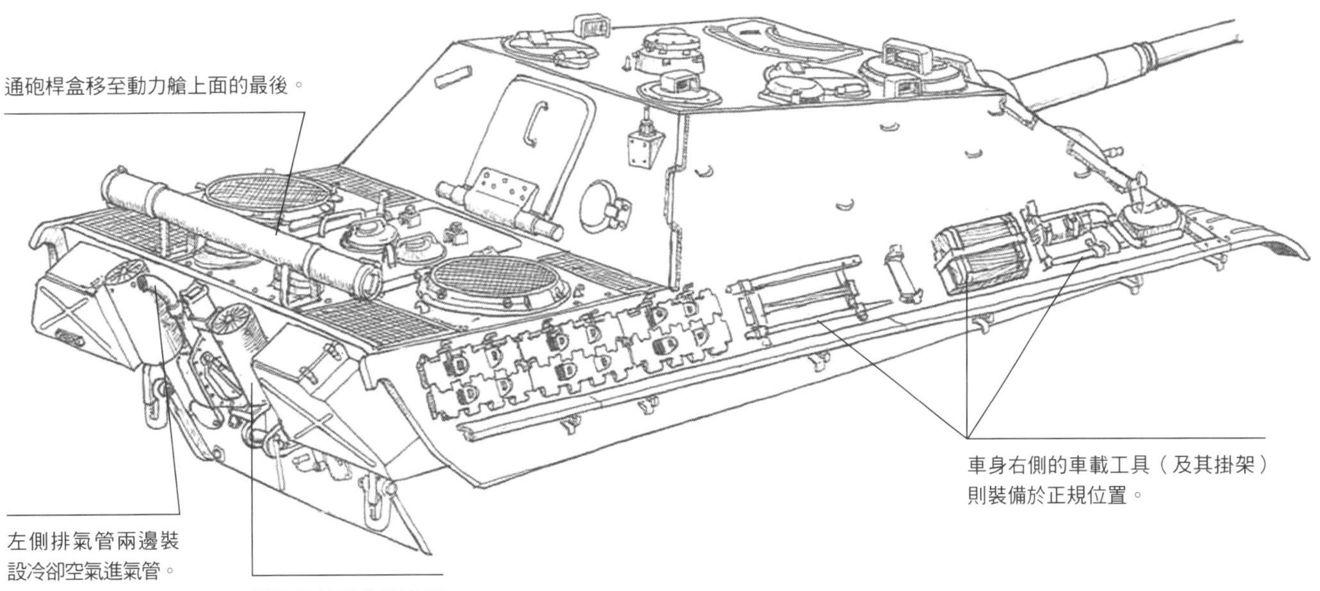

211號車的砲口制退器

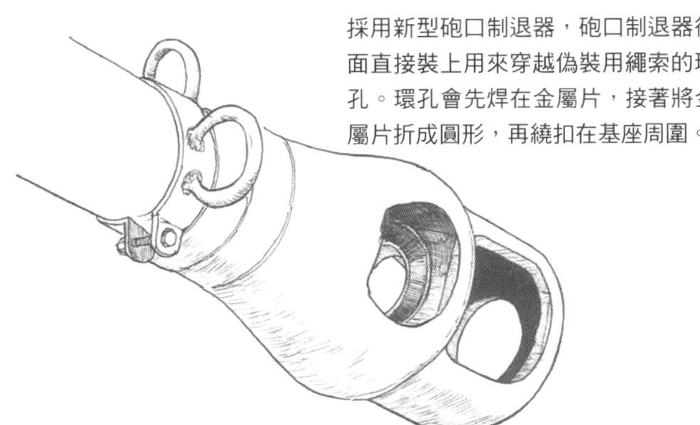

採用新型砲口制退器，砲口制退器後面直接裝上用來穿越偽裝用繩索的環孔。環孔會先焊在金屬片，接著將金屬片折成圓形，再繞扣在基座周圍。

中期型主砲基座裝甲襯套

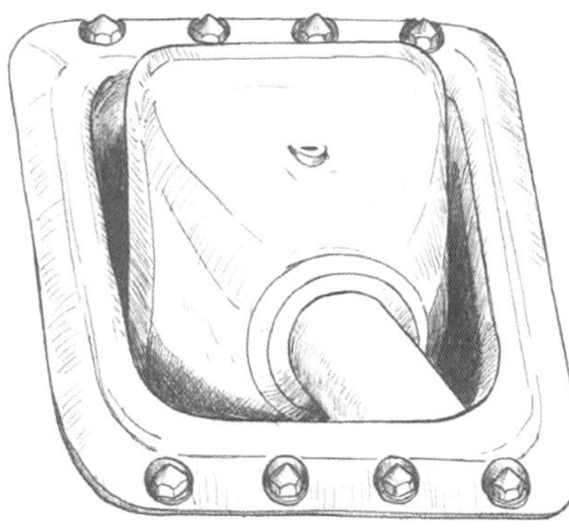

從外側鎖附螺絲的裝甲襯套，可見於1944年9月之後的量產車。前一頁的「後期型」縱長較短，能清楚看見鎖附於下側的螺絲，使得下半部較難抵擋彈襲，於是隔一個月便迅速導入「後期型」裝甲襯套。

Jagdpanther G1
2./ schwere Panzerjäger Abteilung 654, No.212
March 1945 Germany/ Ruhr sector

〔圖27〕

獵豹式G1
第654重戰車驅逐營
第2連212號車
1945年3月　德國國內／魯爾戰區

此車施以RAL7028暗黃色、RAL6003橄欖綠和RAL8017巧克力棕組合的標準三色迷彩。國籍標識的德軍樑狀十字徽標示在戰鬥艙側面及車身背面右側的儲物箱上（推測為此處）。砲號「212」（紅底或黑底搭配白框）則是跟圖26的車輛一樣，以較小的字體寫在戰鬥艙側面的國籍標識之下。

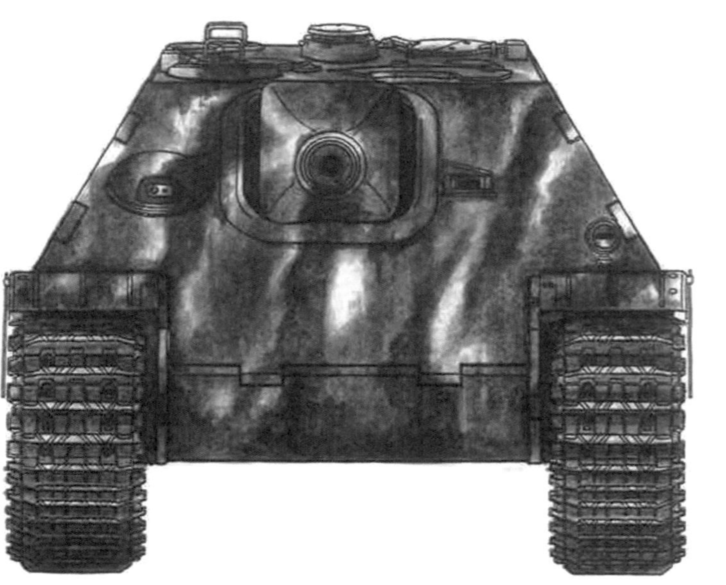

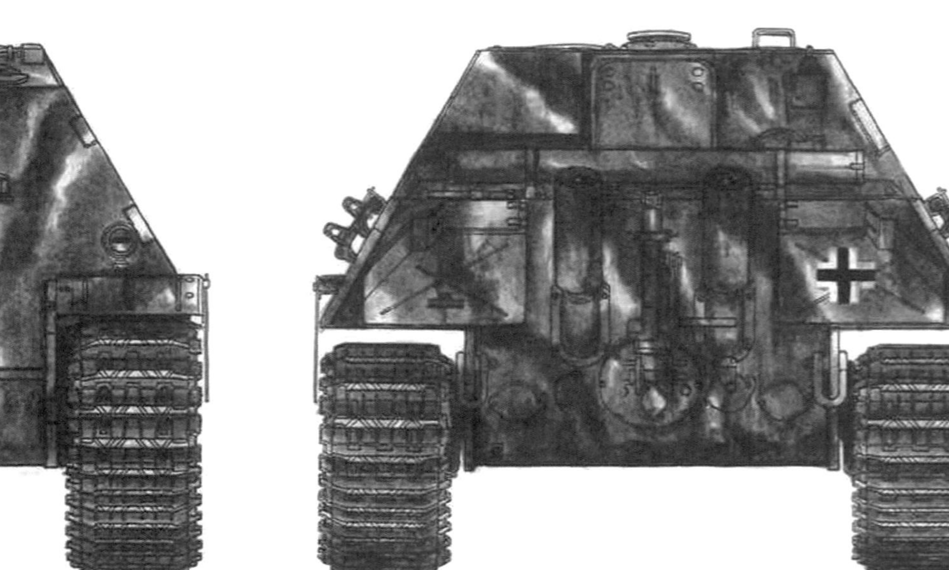

Jagdpanther G 2

1./ schwere Panzerjäger Abteilung 654, No.123
March 1945 Germany/Ginsterhahn

〔圖28〕

獵豹式G 2
第654重戰車驅逐營
第1連123號車

1945年3月　德國國內／Ginsterhahn

車身施以RAL7028暗黃色、RAL6003橄欖綠和RAL8017巧克力棕的標準三色迷彩。戰鬥艙側面的砲號「123」顏色為黑底白框。國籍標識則標示在砲號前面和車身背面右側的儲物箱上。戰鬥艙背面左側雖然裝備了儲物箱，但已嚴重受損，因此無法確認此處是否也標示有砲號。

獵豹式G1 第654重戰車驅逐營 第2連212號車

Jagdpanther G1 2./ schwere Panzerjäger Abteilung 654, No.212

車身各部位特色

1944年6～7月左右的量產車。雖然是第654重戰車驅逐營的車輛，車載工具卻裝配在正規位置，僅通砲桿盒移至動力艙上面的最後。主砲基座裝甲襯套為早期型，一體成型式砲管，搭配的砲口制退器也是舊款。戰鬥艙背面左側同樣可見儲物箱，車身背面的排氣管變更成附有避火消音器的規格。車輛未塗裝防磁紋塗層。

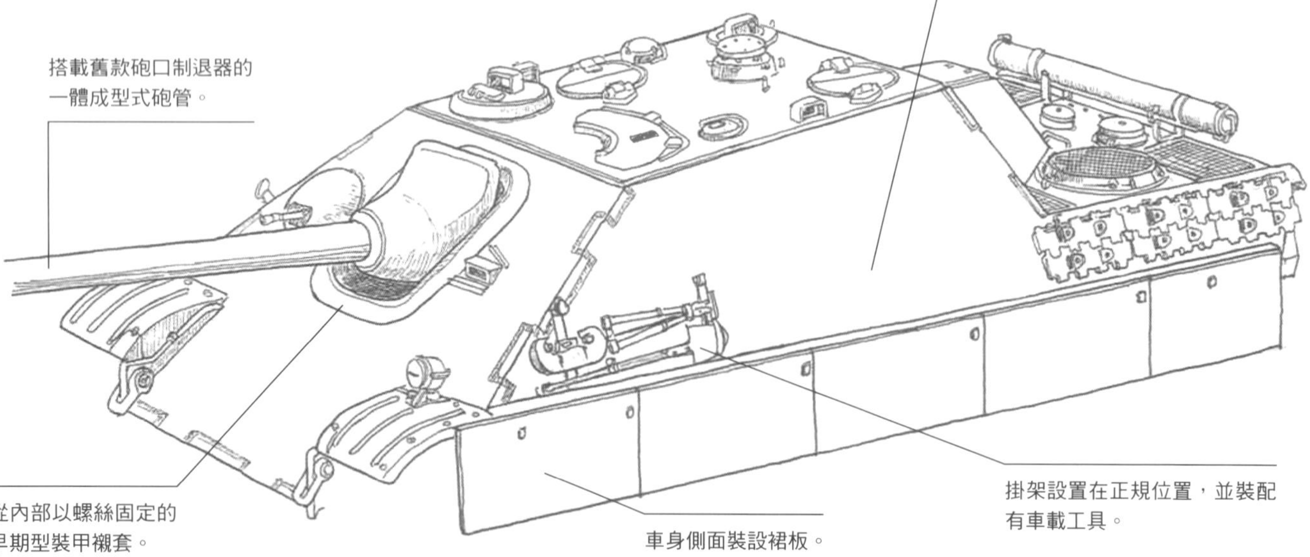

僅通砲桿盒的位置變更。

搭載舊款砲口制退器的一體成型式砲管。

從內部以螺絲固定的早期型裝甲襯套。

車身側面裝設裙板。

掛架設置在正規位置，並裝配有車載工具。

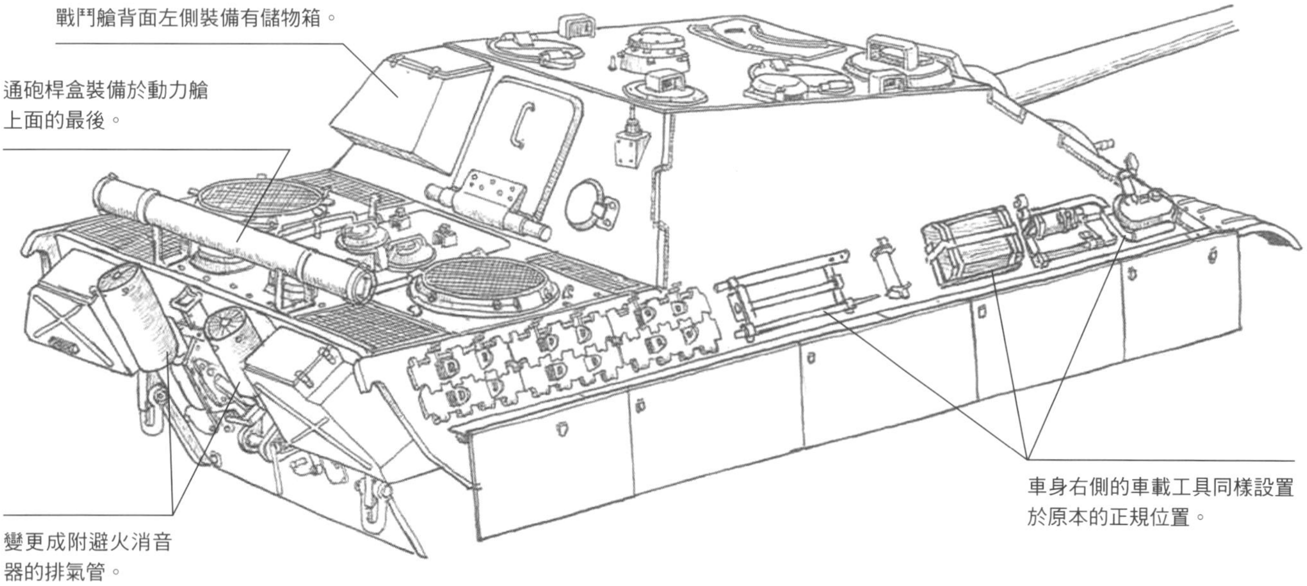

戰鬥艙背面左側裝備有儲物箱。

通砲桿盒裝備於動力艙上面的最後。

變更成附避火消音器的排氣管。

車身右側的車載工具同樣設置於原本的正規位置。

動力艙上面的進氣／排氣柵門

【G1型】

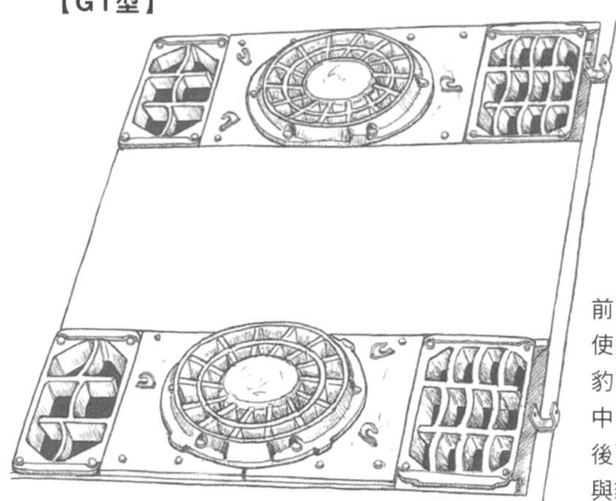

前面的進氣柵門是使用縱長較窄的獵豹式專用零件，但中間的排氣柵門、後面的進氣柵門則與豹式A型同款。

【G2型】

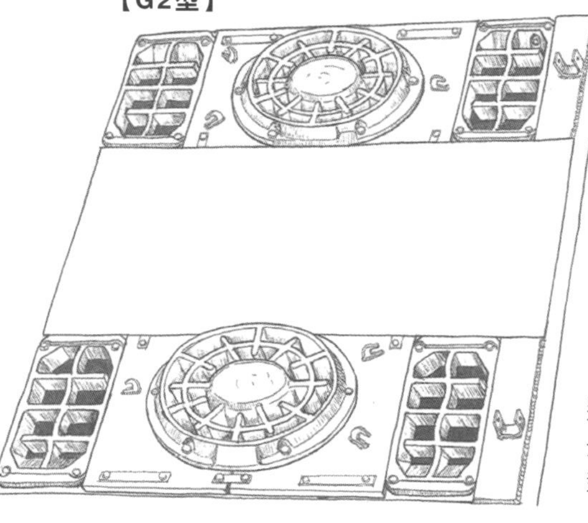

進氣／排氣柵門全都使用豹式G型的零件。

〔圖28〕

獵豹式G2 第654重戰車驅逐營 第1連123號車

Jagdpanther G2 1./ schwere Panzerjäger Abteilung 654, No.123

車身各部位特色

MNH公司在1944年12月之後生產的量產車。此車隸屬第654重戰車驅逐營，因此車載工具分別被移至戰鬥艙背面、動力艙上面及車身背面。採用搭載新型砲口制退器的兩截式砲管。主砲基座裝甲襯套為後期型。車身背面的排氣管裝有U形切面護罩，設置於兩側的儲物箱則帶有垂直的補強肋。此車裝配新型惰輪，且未塗裝防磁紋塗層。

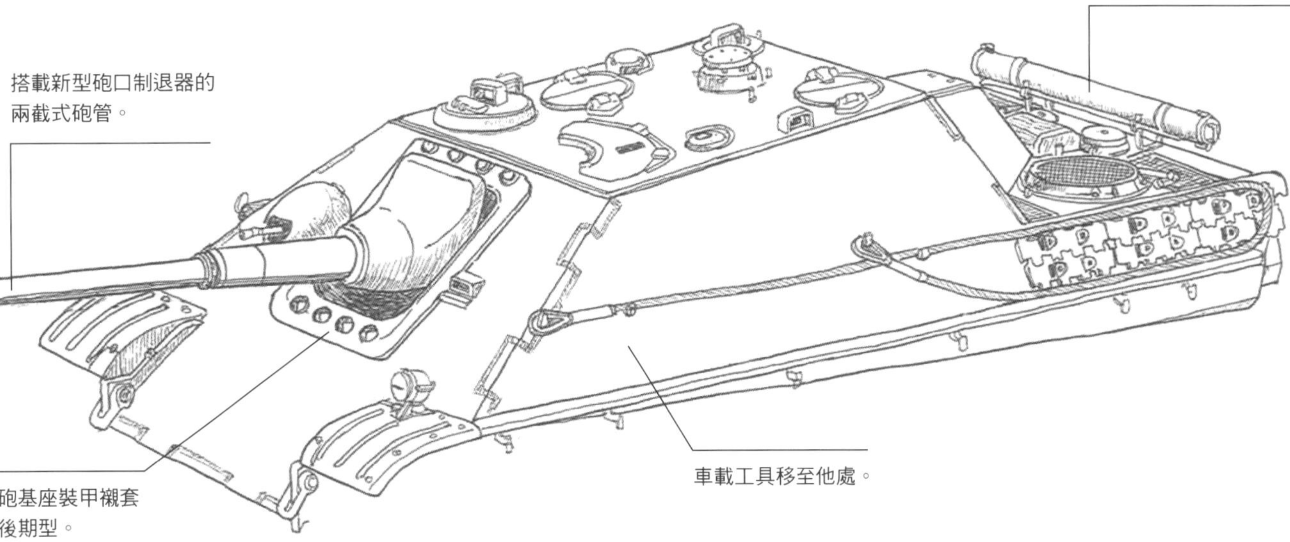

通砲桿盒移至動力艙上面的最後。

搭載新型砲口制退器的兩截式砲管。

主砲基座裝甲襯套為後期型。

車載工具移至他處。

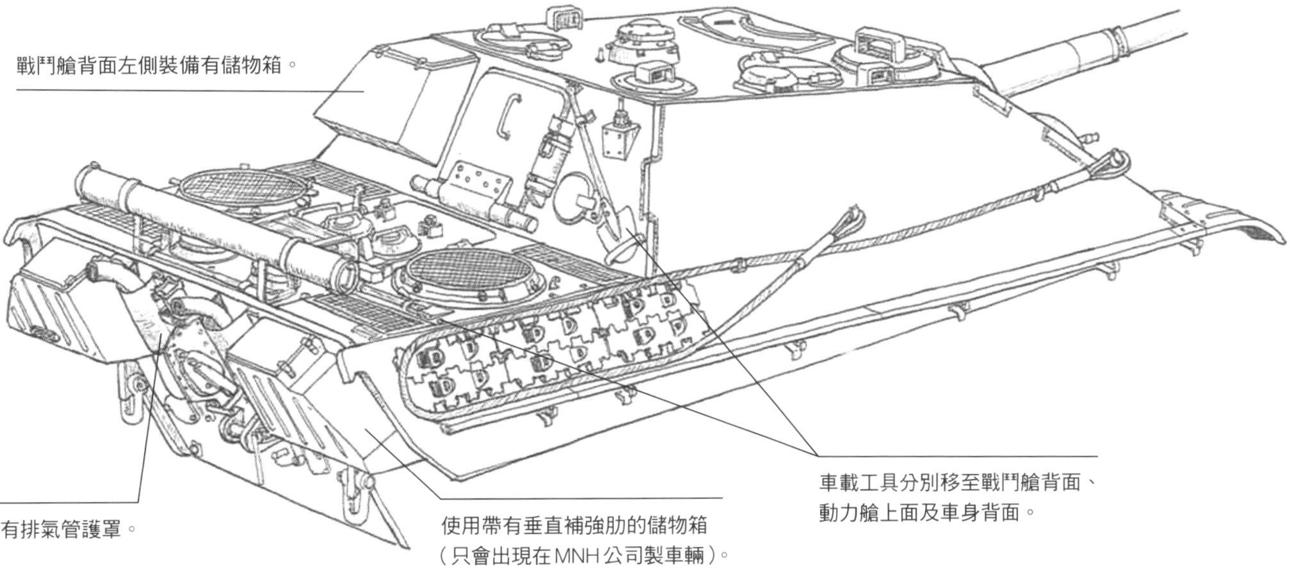

戰鬥艙背面左側裝備有儲物箱。

車載工具分別移至戰鬥艙背面、動力艙上面及車身背面。

裝有排氣管護罩。

使用帶有垂直補強肋的儲物箱（只會出現在MNH公司製車輛）。

部分後期量產車的車身背面

帶有垂直補強肋的儲物箱可見於1944年11月起開始參與量產的MNH製車輛。另外，後期量產車焊接製成的排氣管基座護罩也會與既有的鑄造零件並用。

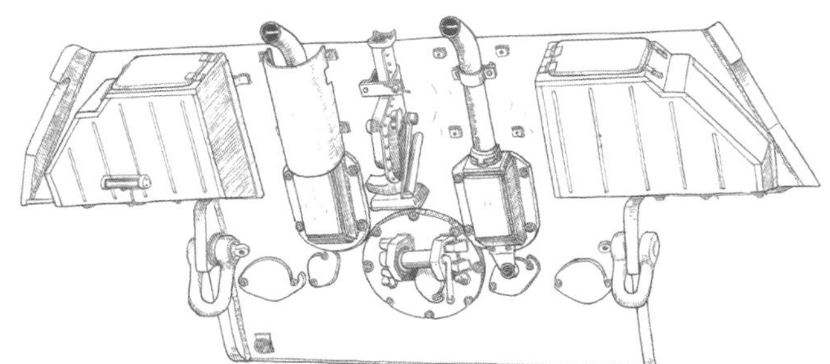

1944年3月之後的駕駛手潛望鏡

【1944年3～4月左右的量產車】

截至1944年1月為止的量產車會在左右各裝備1組潛望鏡。後來廢除了左邊，僅保留右邊的潛望鏡。因為繼續使用帶有2個安裝孔的裝甲板一段時間，所以左邊還有焊上5㎜厚鋼板蓋住開口。

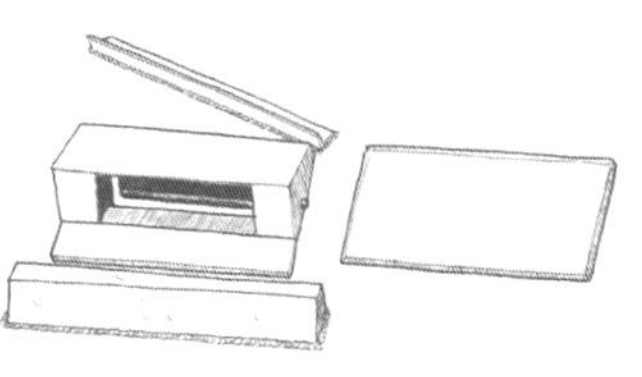

【1944年5月之後的量產車】

1944年5月起生產的車輛都改焊上裝甲栓做遮蔽，並廢除右側潛望鏡的回彈屏障和排雨條。

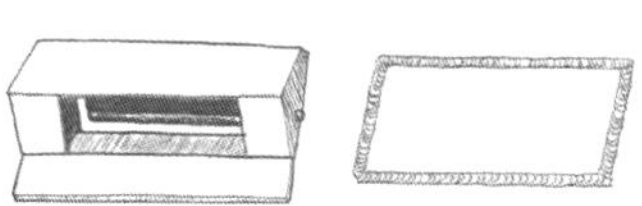

【1944年11月之後的量產車】

1944年11月量產車開始使用無左側開口的裝甲板。但隨著量產期間、量產工廠的不同，規格還是會出現上下圖所示的若干差異。

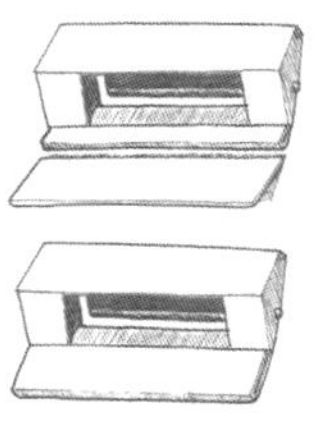

Jagdpanther G 2 Befehlswagen

SS Kampfgruppe "Wiking"
April 1945 Germany/ Gardelegen

〔圖29〕

獵豹式G 2 指揮車型 SS戰鬥群「維京」所屬車輛

1945年4月　德國國內／加爾德萊根

本車雖然是RAL 7028暗黃色、RAL 6003橄欖綠和RAL 8017巧克力棕組合的三色迷彩，但暗黃色面積較少，屬於大戰後期典型的迷彩紋樣，標誌部分僅在戰鬥艙側面前方和車身背面右側儲物箱畫出國籍標識的德軍楔狀十字徽，沒看見砲號。

Jagdpanther G 2

II./ Panzerregiment 130, No.823
Spring of 1945 Germany

〔圖30〕

獵豹式G2 第130戰車團 第2營823號車

1945年春　德國國內

塗裝為RAL7028暗黃色、RAL6003橄欖綠和RAL8017巧克力棕的三色迷彩。此車同樣施以大戰後期典型的迷彩紋樣，暗黃色的塗裝面積比圖29的車輛更少。戰鬥艙側面前方和車身背面右側儲物箱可見國籍標識的德軍樑狀十字徽。

砲號「823」雖然出現在戰鬥艙側面，但僅以噴漆塗上，看起來相當草率。這樣的標記方式看起來不太像德國車輛，但既然隸屬戰車團第2營，應該還是由德軍寫下的砲號。

〔圖29〕

獵豹式G2 指揮車型 SS戰鬥群「維京」所屬車輛

Jagdpanther G2 Befehlswagen SS Kampfgruppe "Wiking"

車身各部位特色

1944年12月之後的量產車。由於是指揮車型，戰鬥艙背面左側還加裝了無線電的天線基座。車載工具不像第654重戰車驅逐營的車輛一樣裝備於正規位置，而是移至戰鬥艙背面、動力艙上面及車身背面。主砲為搭配新款砲口制退器的兩截式砲管，主砲基座裝甲襯套為後期型。車身背面的排氣管基座採焊接製作，排氣管的避火消音器末端則裝有偏向導管。另外，動力艙柵門上還設置了裝甲板，並裝配新型惰輪。

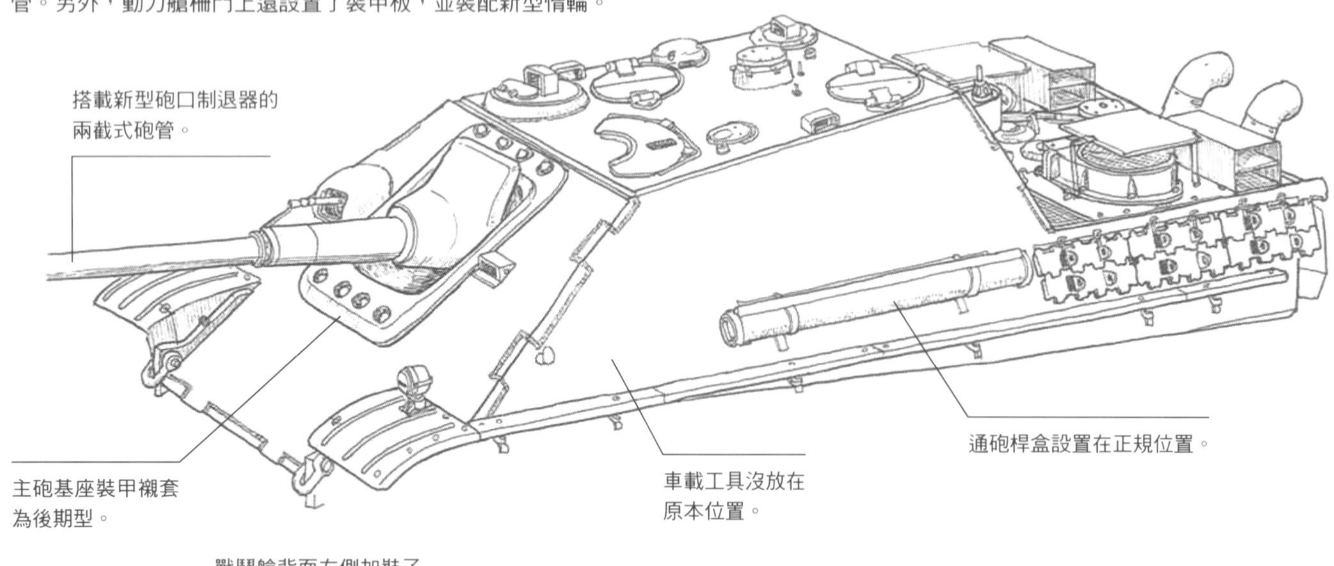

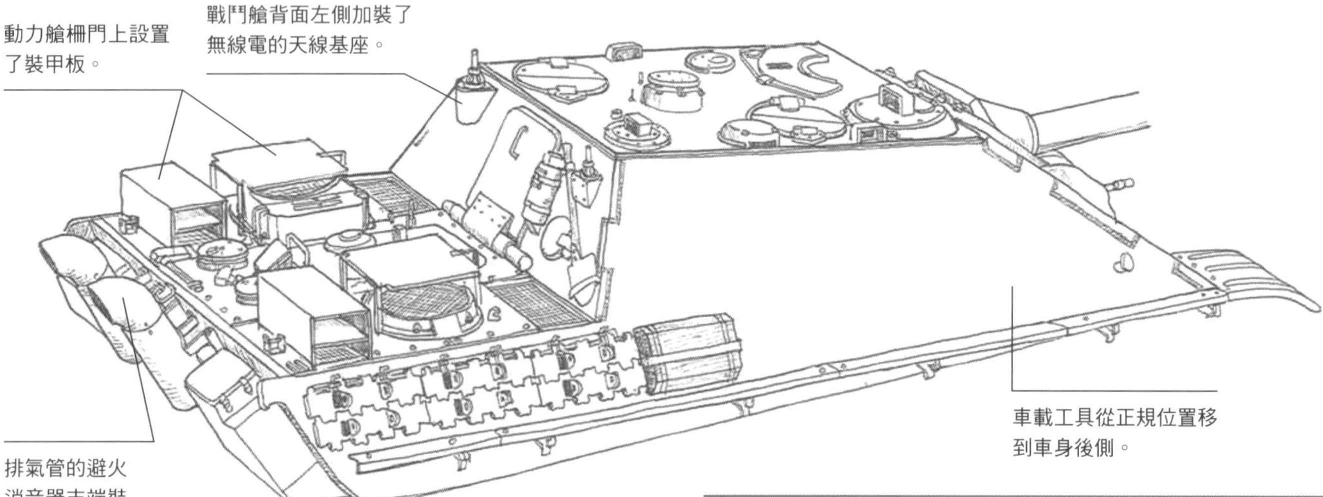

1944年12月之後的機關艙上面

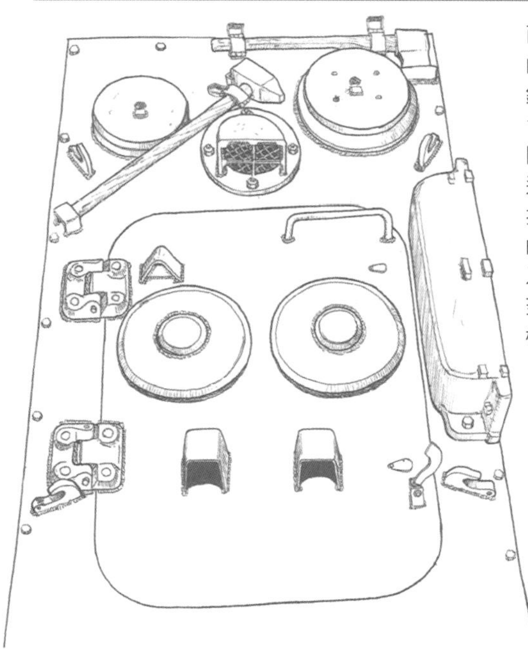

面板後半部（圖的上半部）裝有鐵鎚和斧頭。1944年11月起開始廢除檢修門進氣口護罩上的把手、護罩周圍的排雨護欄，以及戰鬥艙背面門蓋開啟時的緩衝橡膠墊。

1944年12月之後的車身背面

1944年12月起開始使用附避火消音器的排氣管，但之後仍可見與既有排氣管並用的情況。圖片是在避火消音器末端又裝上偏向導管的樣式。另外，自1945年2月的量產便開始將車載工具固定設置在車身背面。

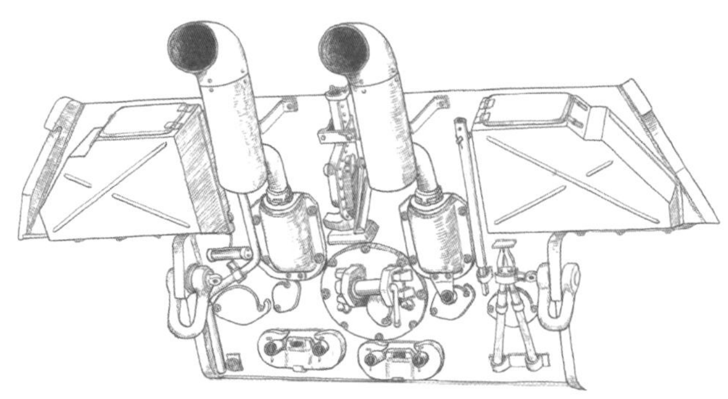

〔圖30〕

獵豹式G2 第130戰車團 第2營823號車

Jagdpanther G2 II./ Panzerregiment 130, No.823

車身各部位特色

1944年12月之後的量產車。主砲為兩截式，搭載新款砲口制退器。主砲基座裝甲襯套為後期型。車載工具裝備於戰鬥艙背面、動力艙上面及車身背面。動力艙柵門上設有裝甲板。另外，車身背面的排氣管基座採焊接製成，排氣管的避火消音器末端更裝有偏向導管。此車裝配有新型惰輪。

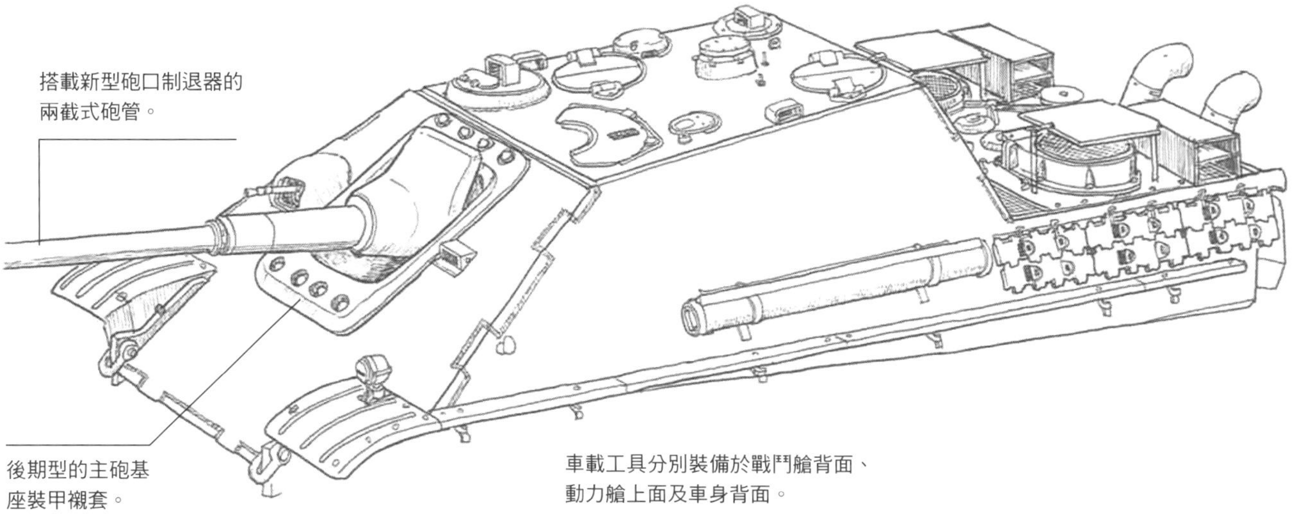

搭載新型砲口制退器的兩截式砲管。

後期型的主砲基座裝甲襯套。

車載工具分別裝備於戰鬥艙背面、動力艙上面及車身背面。

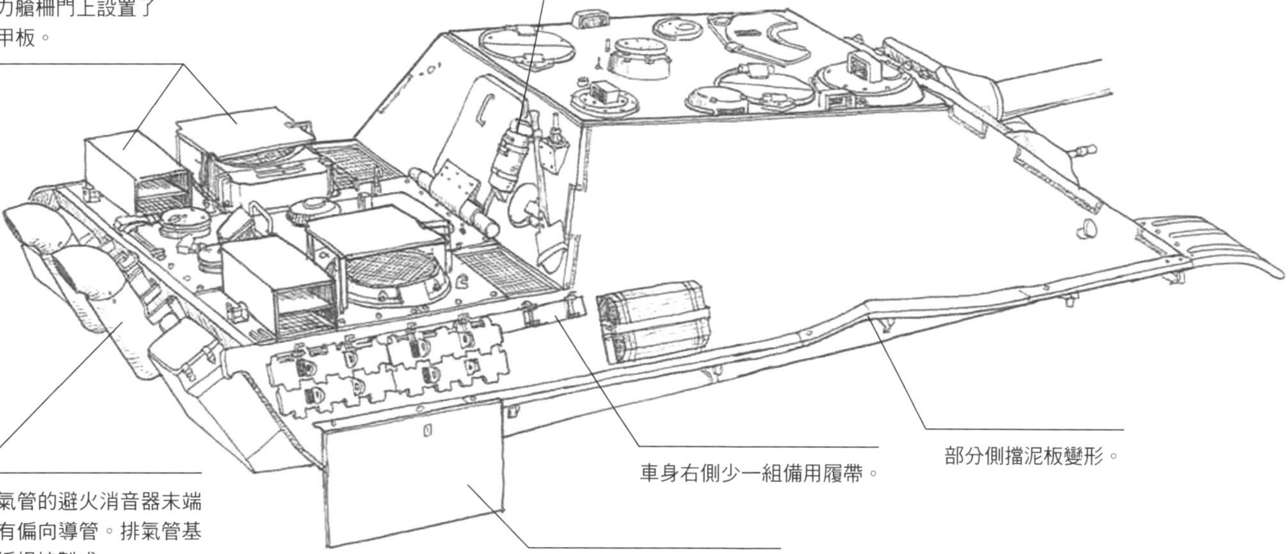

動力艙柵門上設置了裝甲板。

排氣管的避火消音器末端裝有偏向導管。排氣管基座採焊接製成。

車身右側少一組備用履帶。

部分側擋泥板變形。

僅車身右側最後方保留裙板。

備有暖氣裝置的G2型動力艙上面

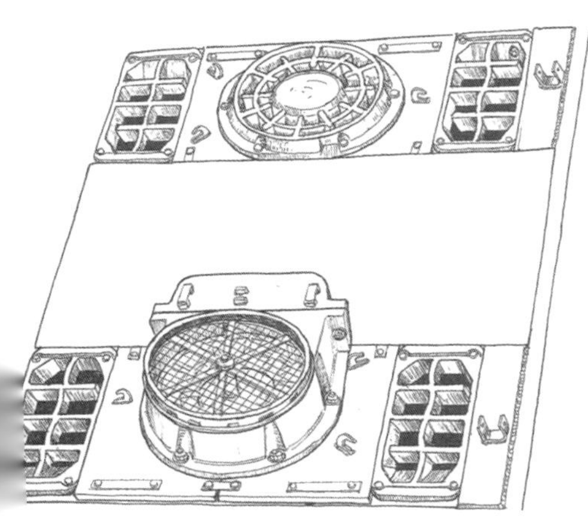

1944年12月起，部分車輛的左側排氣柵門開始裝設暖風加熱器組，為戰鬥艙供應暖氣。

惰輪

早期型（左圖）與1944年底開始導入的後期型（右圖）。後期型直徑從早期的600㎜加大成650㎜，補強肋也變成行駛中較容易排出泥濘或積雪的形狀。截至終戰為止，都是並用這2款惰輪。

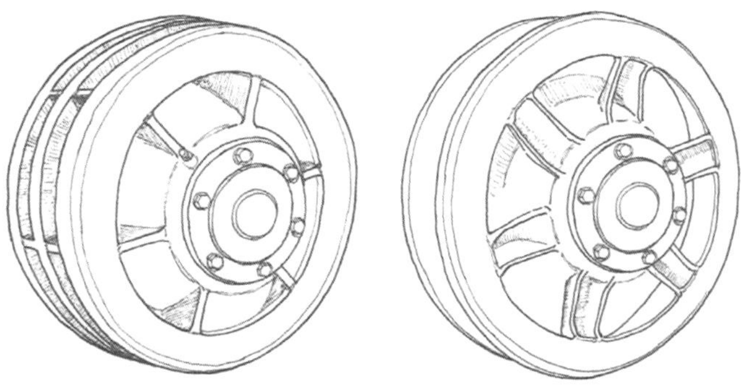

Jagdpanther G 2
Unit unknown, No.114
Spring of 1945 Germany

〔圖31〕

獵豹式G 2
所屬部隊不詳 114號車

1945年春　德國國內

雖然是以RAL7028暗黃色、RAL6003橄欖綠和RAL8017巧克力棕打造成三色迷彩，卻是塗繪成很寬的條狀紋樣，以大戰末期的車輛來說相當少見。戰鬥艙側面寫有國籍標識的德軍樑狀十字徽以及白色砲號「114」。車身背面國籍標識。

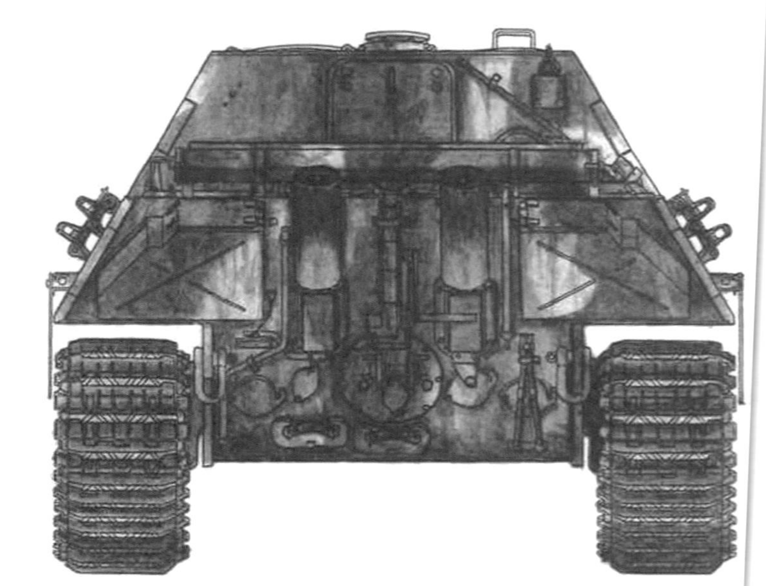

Jagdpanther G 2

I./Panzerregiment 9, 25.Panzerdivision, No.144
1945 Eastern Front/ Czechoslovakia

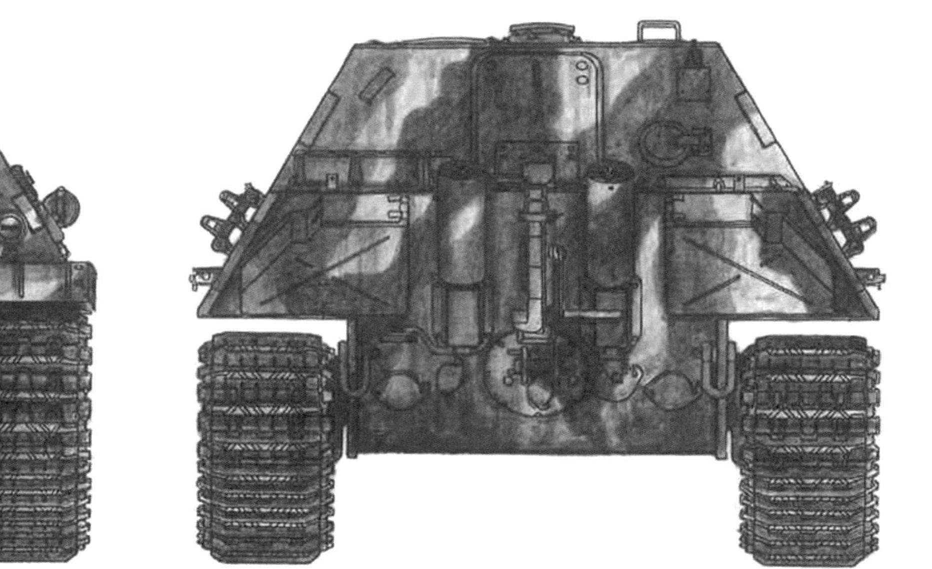

〔圖32〕

獵豹式 G 2
第 25 裝甲師第 9 戰車團
第 1 營 144 號車

1945 年 東部戰線／捷克斯洛伐克

塗裝使用了RAL7028暗黃色、RAL6003橄欖綠和RAL8017巧克力棕，顏色間的邊界相當清晰，是大戰末期標準的三色迷彩。戰鬥艙側面前半部畫有團標（？）、同側面的中間處則以紅底白框（也可能是黑底白框）寫入砲號「144」，國籍標識的德軍樑狀十字徽位置就比較特別，是畫在戰鬥艙側面下半部，也就是通砲桿盒的下面。

獵豹式G2 所屬部隊不詳 114號車

Jagdpanther G2 Unit unknown, No.114

車身各部位特色

1944年12月之後的量產車。砲管為兩截式，搭配新款砲口制退器。主砲基座裝甲襯套為後期型。車載工具裝備在戰鬥艙背面、動力艙上面及車身背面。排氣管基座採焊接製成，裝設有避火消音器。此車輛裝配了新型惰輪，車身側面則有裙板。

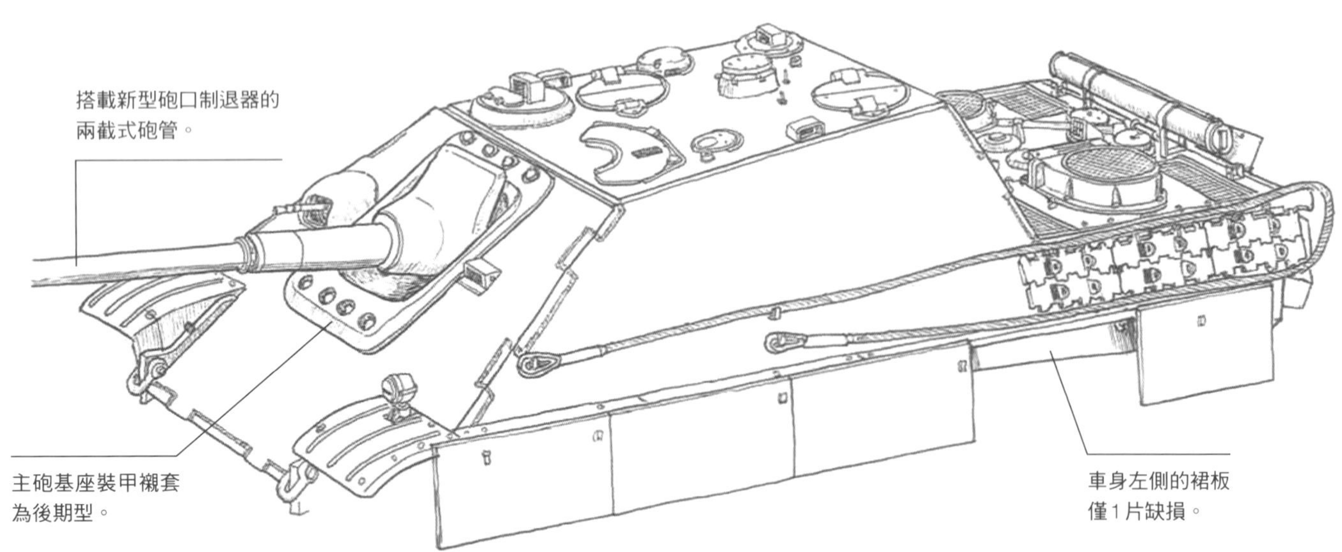

搭載新型砲口制退器的兩截式砲管。

主砲基座裝甲襯套為後期型。

車身左側的裙板僅1片缺損。

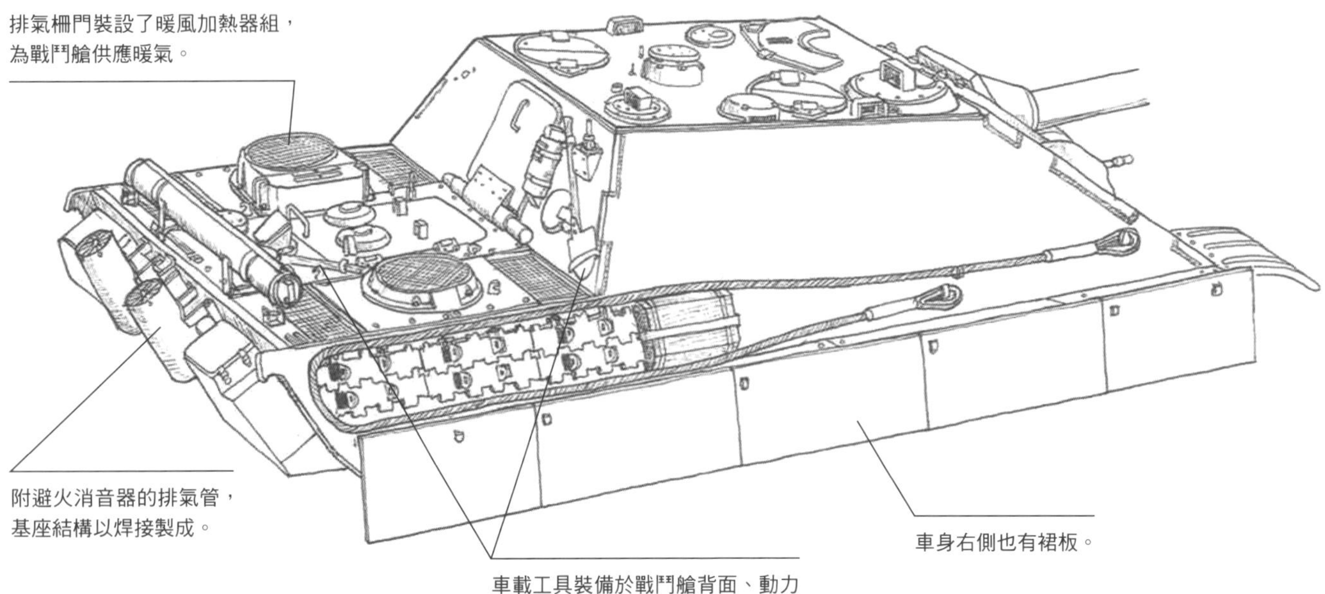

排氣柵門裝設了暖風加熱器組，為戰鬥艙供應暖氣。

附避火消音器的排氣管，基座結構以焊接製成。

車身右側也有裙板。

車載工具裝備於戰鬥艙背面、動力艙上面及車身背面。

車長潛望鏡

設置於戰鬥艙上面右側最前方的旋轉式車長潛望鏡。剛量產時的構造如左圖，但過沒多久就改成右圖，取消底板和基座上面的高低落差，砲隊鏡門蓋的鉸鍊也換成左右兩截式。

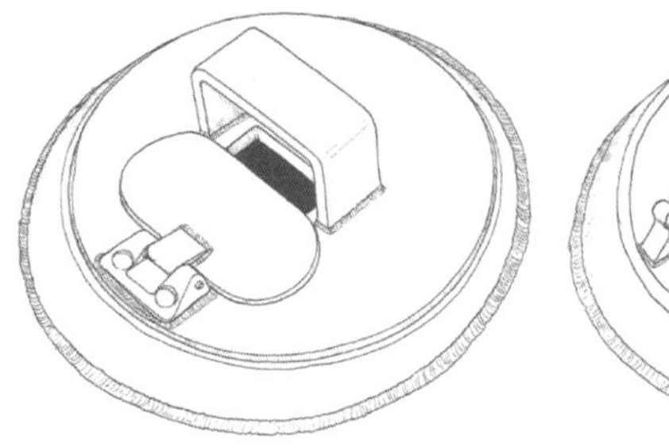

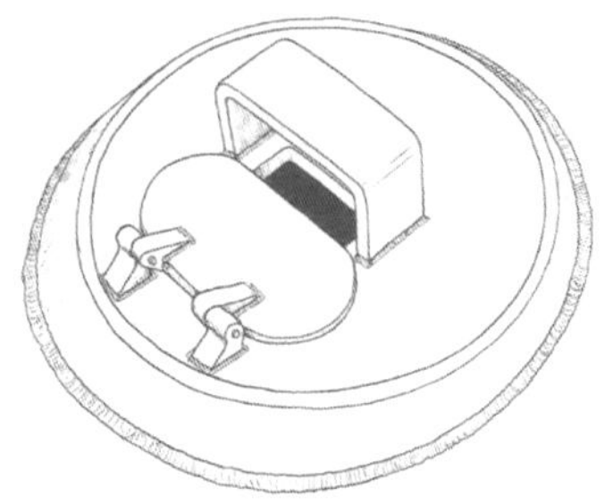

1945年2月之後的戰鬥艙背面

1945年2月起，量產車就跟第654重戰車驅逐營的車輛一樣，將圓鍬、滅火器都固定裝設在戰鬥艙背面。左側上方增設的無線電機天線穿孔到了後期量產車則是改以塞子塞住穿孔。

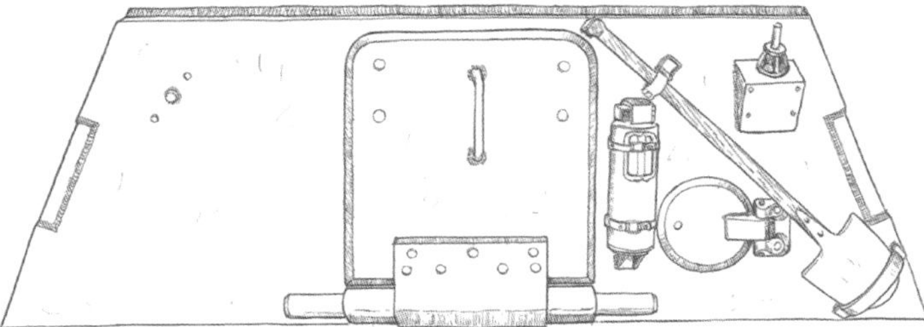

〔圖32〕

獵豹式G2 第25裝甲師第9戰車團 第1營144號車

Jagdpanther G2 I./ Panzerregiment 9, 25.Panzerdivision, No.144

車身各部位特色

1944年12月左右的量產車。主砲基座裝甲襯套為後期型，採用搭載新型砲口制退器的兩截式砲管。車載工具裝備於車身側面的正規位置，排氣管基座是以焊接製成，使用了附避火消音器的排氣管。此車裝配有新型惰輪。

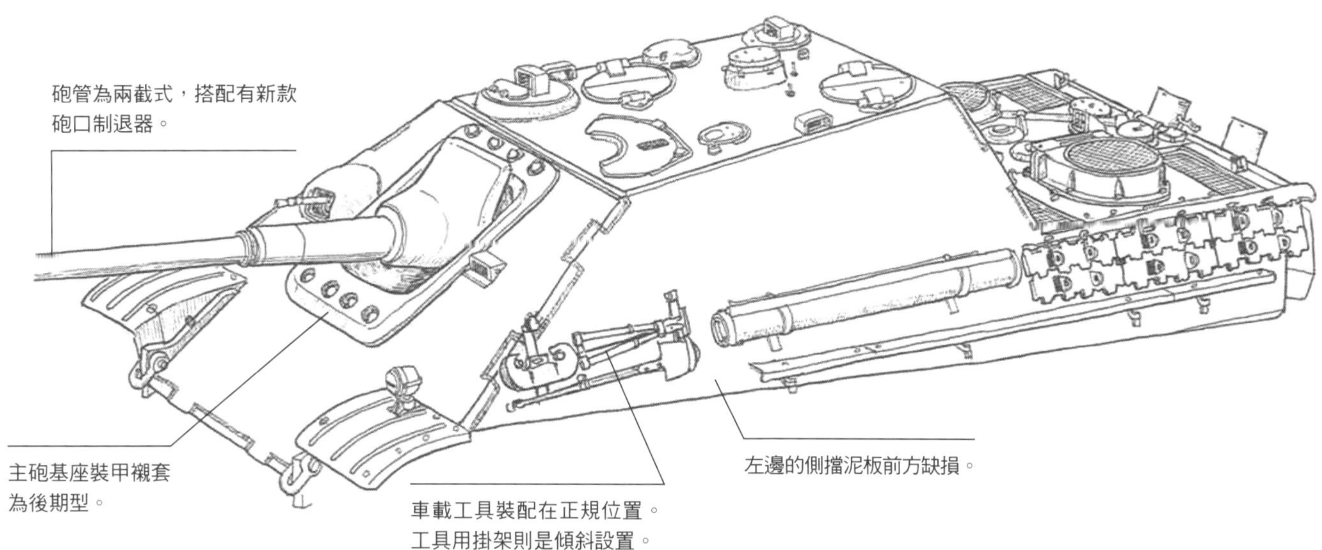

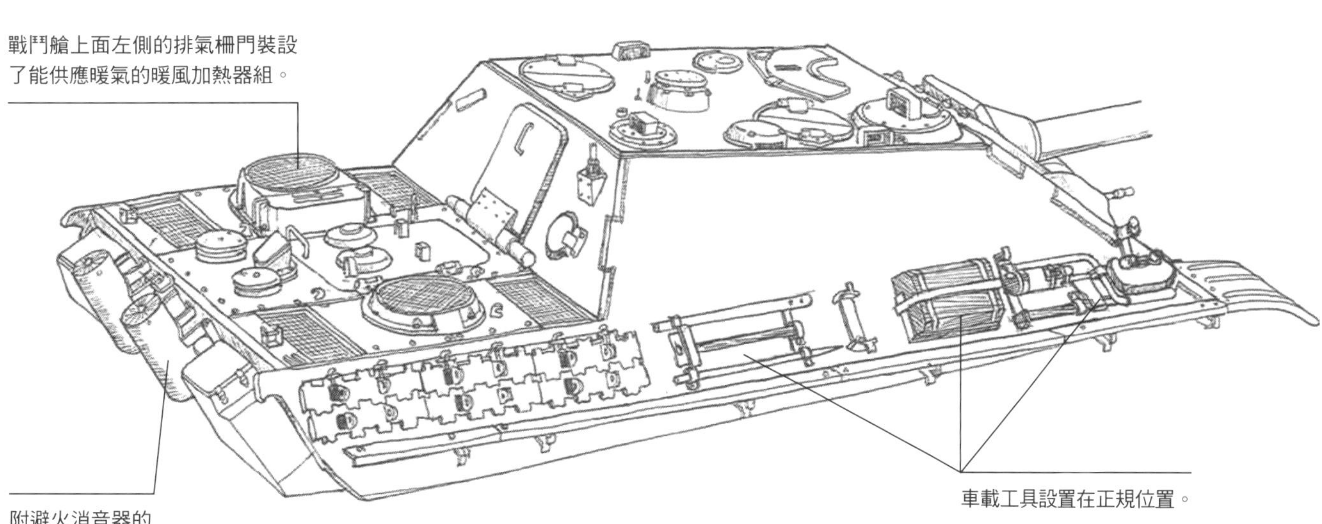

球形機槍架裝甲護罩

【開始生產～1944年8月左右】

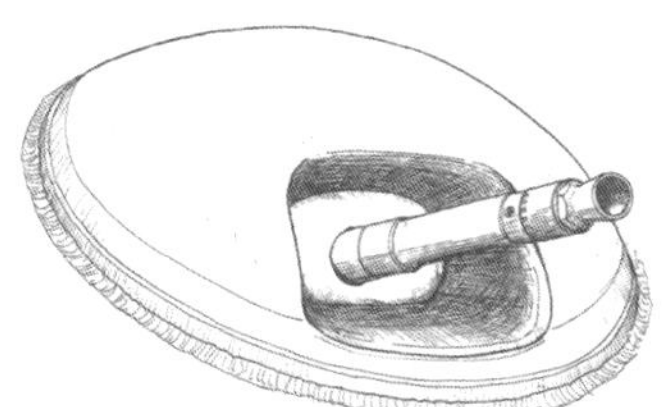

設置於戰鬥艙正面右側。初期開口處並無防止回彈的高低差。

【1944年9月之後】

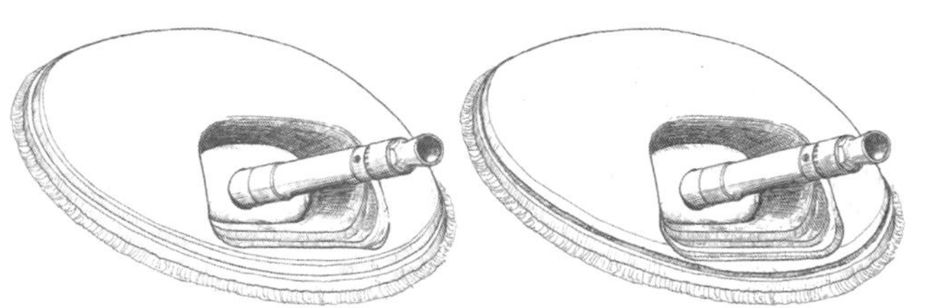

開始於開口處設置高低差。從圖片可以得知，開口下方的形狀和護罩周圍接合處的細節設計不盡相同。

【1945年2月之後】

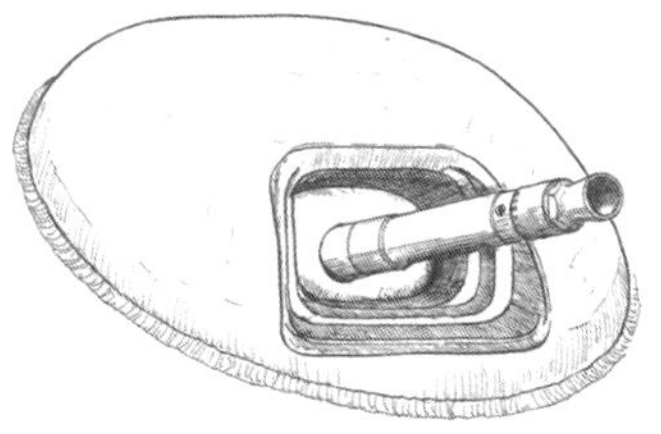

最後期量產車的裝甲護罩上面變得較為平坦，開口處側面同樣追加了高低差。

Jagdpanther G 2
2./ schwere Panzerjäger Abteilung 655, No.223
1945 Germany/ Meppen

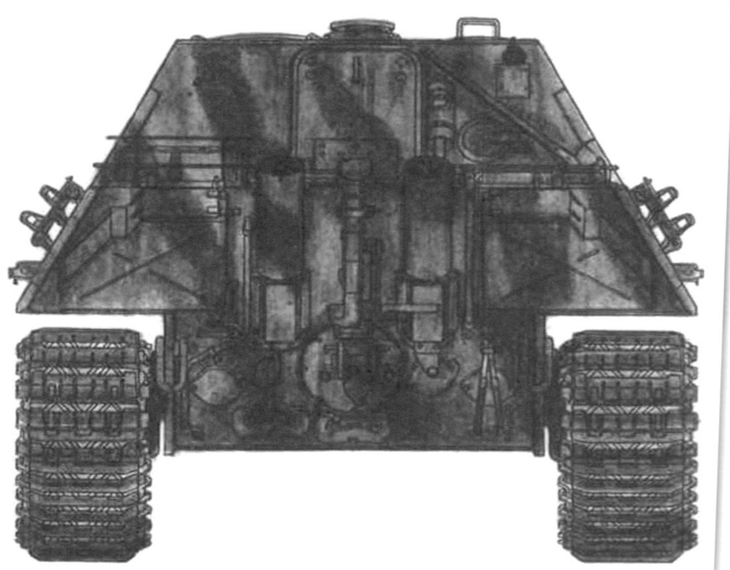

〔圖33〕

獵豹式 G 2
第 655 重戰車驅逐營
第 2 連 223 號車

1945 年　德國國內／梅彭

從照片來看，此車的整體色調偏暗，因此推測應該是先塗上大戰末期的新基本色 RAL 6003 橄欖綠之後，再漆上 RAL 8017 巧克力棕，做出斜條紋的迷彩造型。戰鬥艙側面畫有國籍標識的德軍樑狀十字徽和黑底白框的砲號「223」，但砲號也是推測的。

Jagdpanther G 2
Unit unknown
Spring of 1945 Germany

〔圖34〕

獵豹式G 2
所屬部隊不詳
1945年春　德國國內

塗裝是以RAL7028暗黃色、RAL6003橄欖綠和RAL8017巧克力棕打造成三色迷彩。此車跟圖32的車輛一樣，顏色間的邊界相當清晰，迷彩紋樣算是相當有特色。除了車身側面較偏後的位置畫有國籍標識的德軍樑狀十字徽，其他位置就沒有任何標誌。

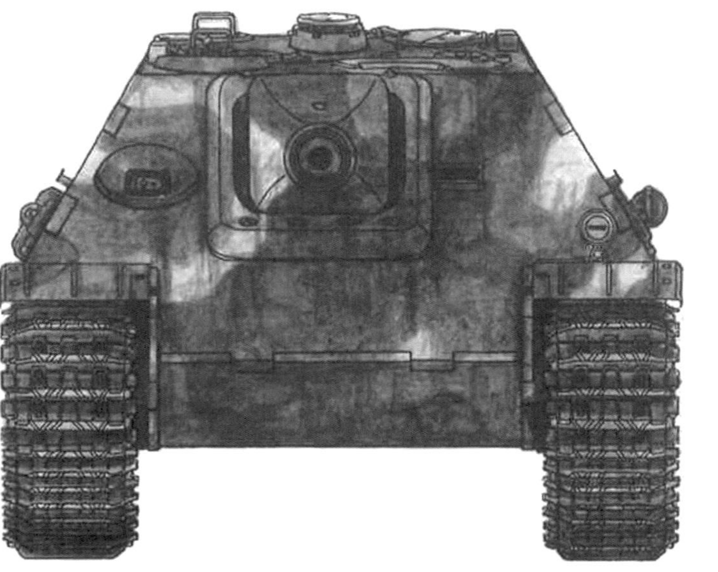

〔圖33〕

獵豹式G2 第655重戰車驅逐營 第2連223號車

Jagdpanther G2 2./ schwere Panzerjäger Abteilung 655, No.223

車身各部位特色

1945年2月之後的量產車。車載工具分別裝配在戰鬥艙背面、動力艙上面及車身背面。主砲基座裝甲襯套為後期型。砲管為兩截式，搭配有新款砲口制退器。排氣管基座採焊接製成，裝設有避火消音器。機關艙上面的進氣／排氣柵門上方裝設了裝甲板。主動輪使用了直徑稍微加大的18齒新型齒盤，同時裝配了新型惰輪。

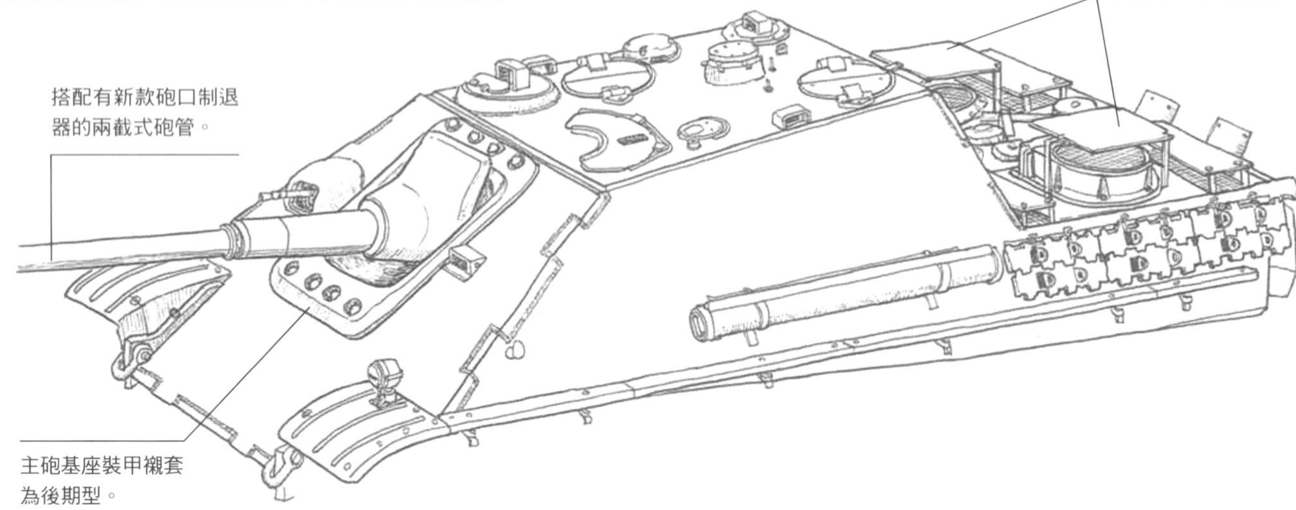

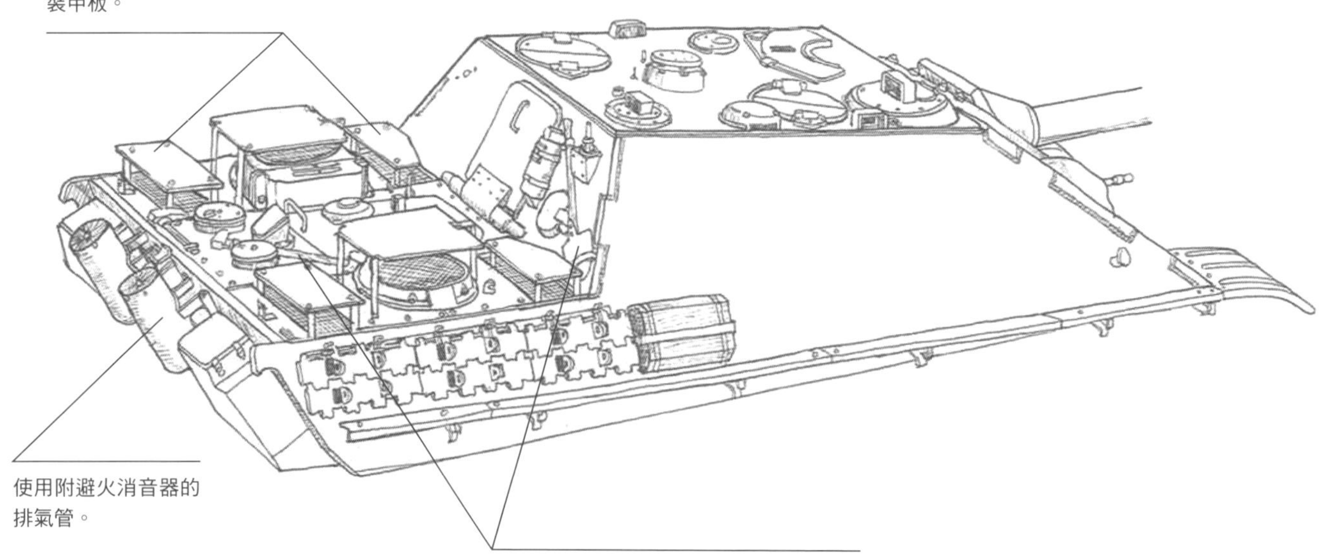

進氣／排氣柵門上方的裝甲板裝設範例

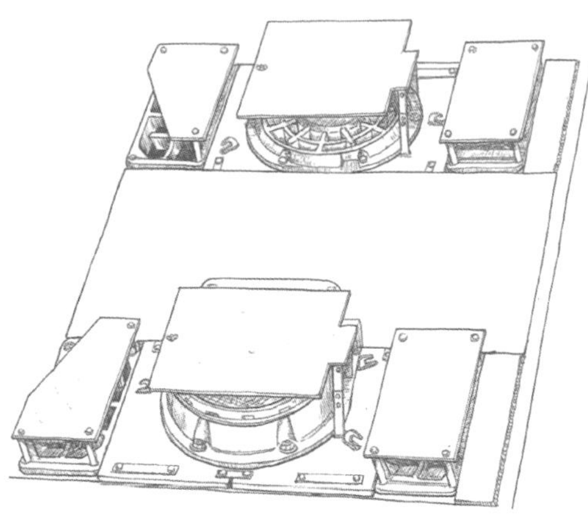

1944年2月之後，部分車輛的進氣／排氣柵門上方開始設置裝甲板。也有像是P65圖30形狀不同的樣式。

主動輪

【標準型】

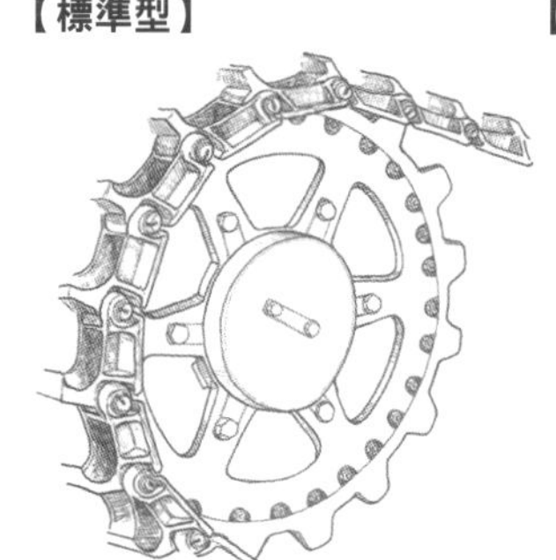

從開始量產到結束期間皆有使用的標準型。

【新型】

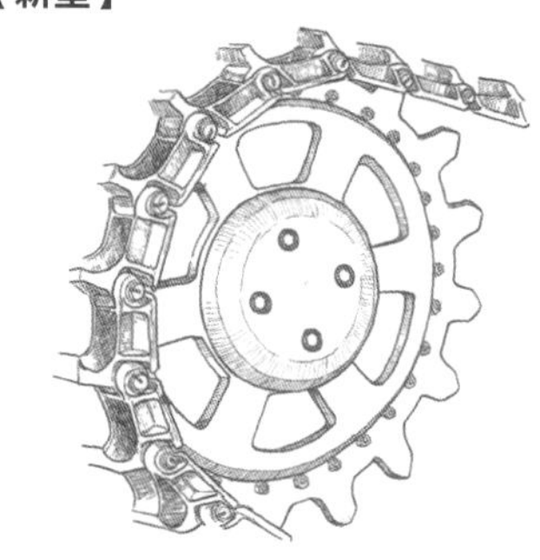

可見於1945年2月之後生產的部分最後期量產車。18齒齒盤，直徑稍微加大，並強化了輪轂蓋設計。

〔圖34〕

獵豹式G2 所屬部隊不詳

Jagdpanther G2 Unit unknown

車身各部位特色

1944年12月之後的量產車。砲管為兩截式，搭配新款砲口制退器。主砲基座裝甲襯套為後期型。車載工具裝備於車身側面的正規位置，排氣管基座是以焊接製成，使用了附避火消音器的排氣管。此車裝配有新型惰輪。

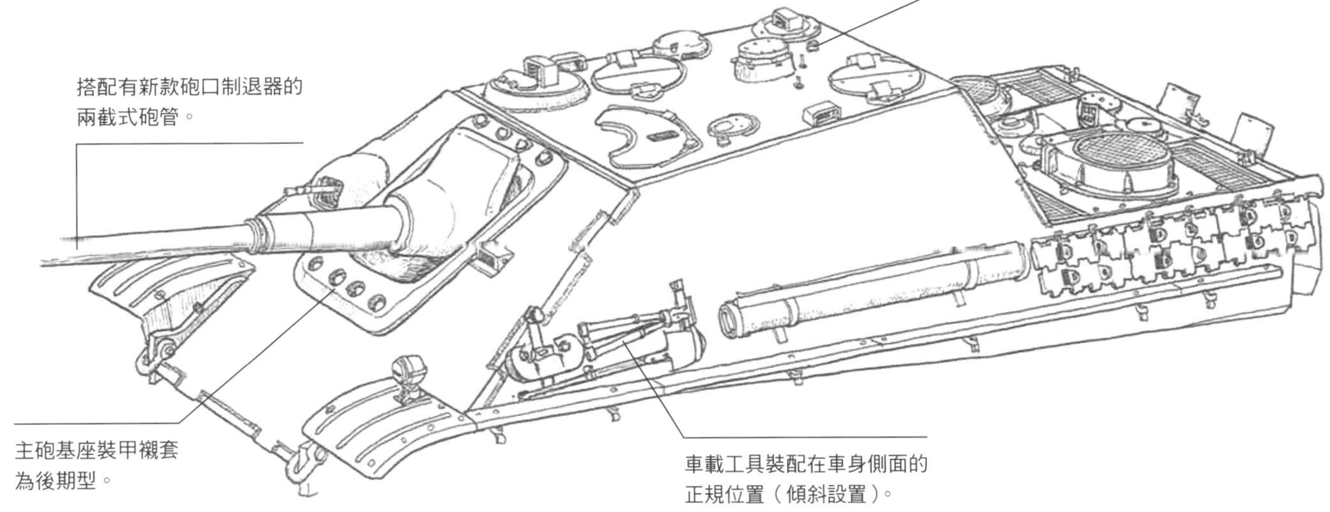

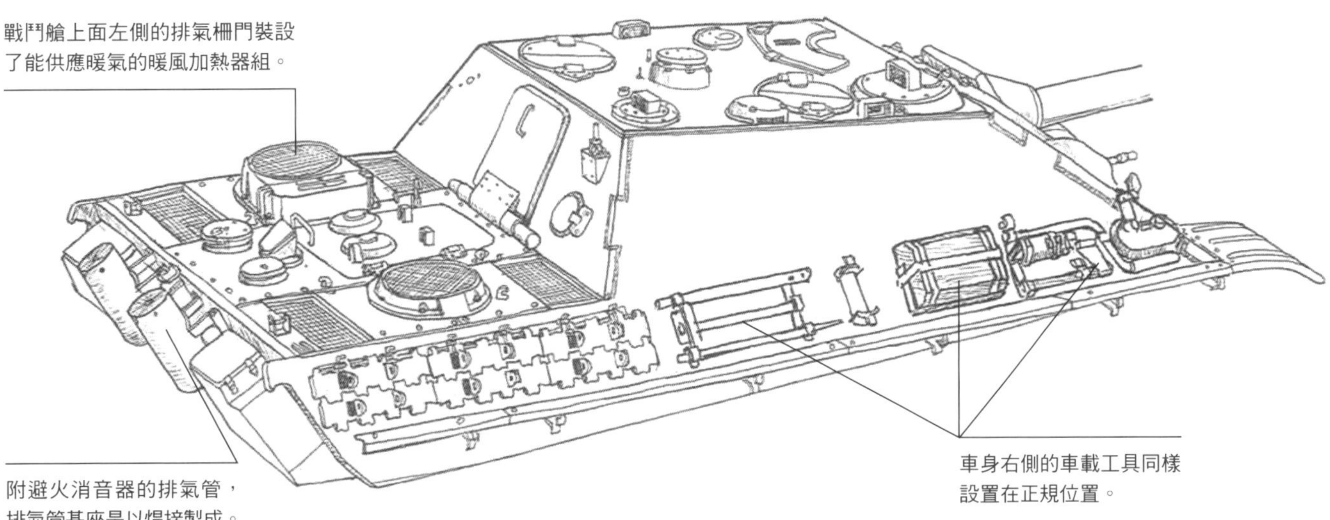

戰鬥艙上面用來安裝2t吊架的圓柱狀基座配置

【1944年10月之後】

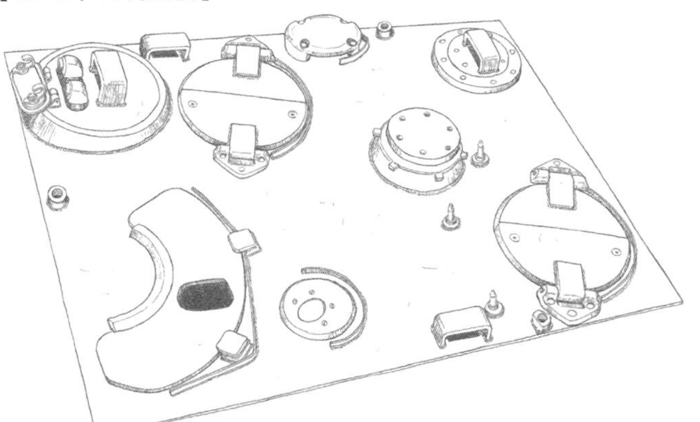

戰鬥艙上面的前方中間處與後方左右三處設置了用來安裝2t吊架的圓柱狀基座「pilz」。軍方文件指出是在1944年6月開始設置，但實際上時程延遲許多，要等到同年10月的量產車才可見此配置。

【最後期量產車】

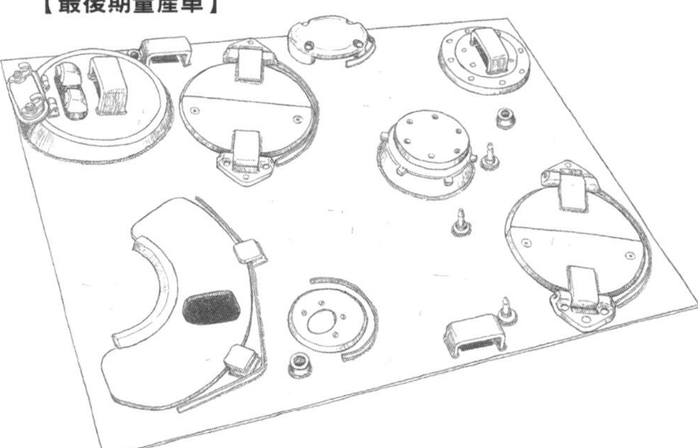

更後期的量產車則是變更了圓柱狀基座「pilz」的位置，改成前方左右2處及後方中間1處。

Jagdpanther G 2

1./ Panzer Einsatz-Abteilung 20, No.59
May 1945 Germany/ Oldenburg

〔圖35〕

獵豹式G2
第20特別戰車營
第1連59號車

1945年5月 德國國內／奧登堡

以大戰末期的基本色RAL6003橄欖綠為底，再以RAL7028暗黃色和RAL8017巧克力棕塗裝上細直條紋，做成迷彩造型。在戰鬥艙側面寫下砲號「59」較為少見，猜測是以黃色標示。另外，並未看見有國籍標識。

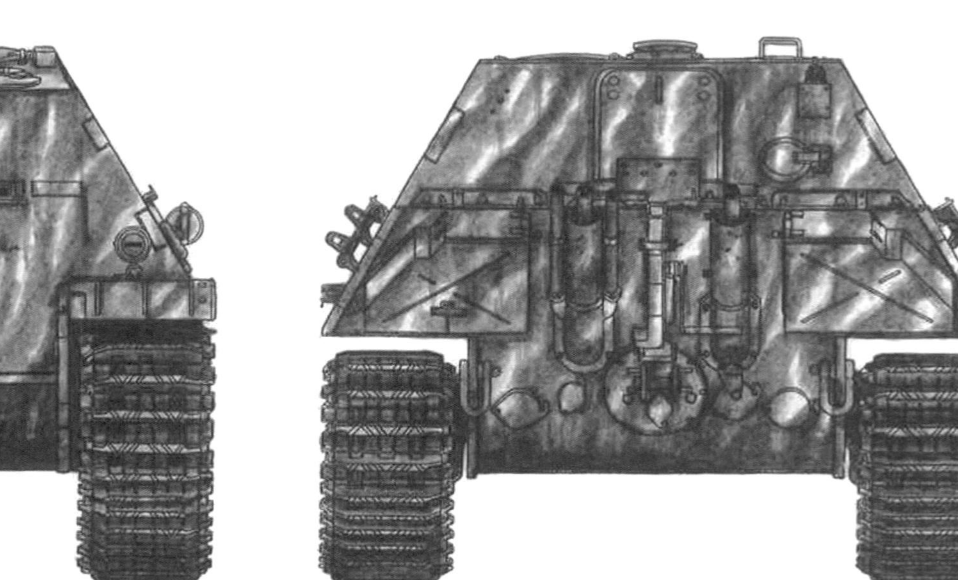

獵虎式　塗裝＆標識

Jagdtiger
schwere Panzerjäger Abteilung 653
September 1944 Germany/ Fallingbostel

〔圖36〕

獵虎式
第653重戰車驅逐營所屬車輛
1944年9月　德國國內／法靈博斯特爾

根據獵虎式驅逐戰車新編制成第653重戰車驅逐營，剛完成鐵路運送車輛時的照片，此車是照片中搭載了保時捷懸吊裝置的量產6號車。跟試作車一樣同為RAL7028暗黃色單色塗裝。無標示砲號，僅在戰鬥艙側面寫出國籍標識。車身塗裝防磁紋塗層。

獵豹式G2 第20特別戰車營 第1連59號車

Jagdpanther G2 1./ Panzer Einsatz-Abteilung 20, No.59

車身各部位特色

1944年12月之後的量產車。主砲基座裝甲襯套為後期型，可拆式砲管，搭載了新型砲口制退器。車載工具則是用掛架裝設在車身側面的正規位置。未裝設動力艙左側的暖氣裝置。使用舊型惰輪。車身背面排氣管周圍的配置是猜測的。

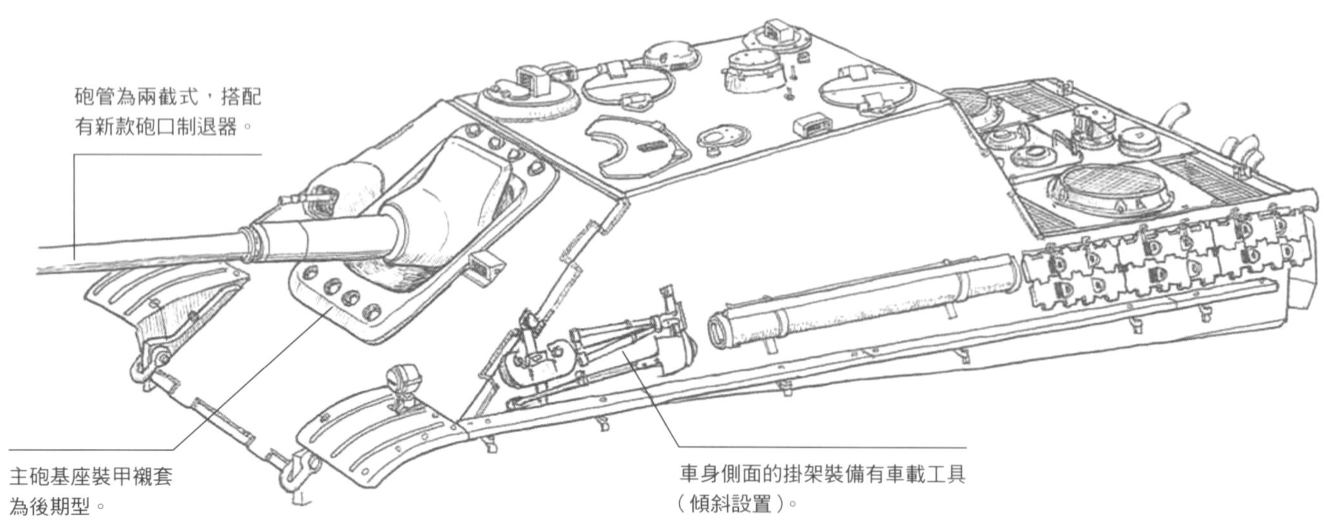

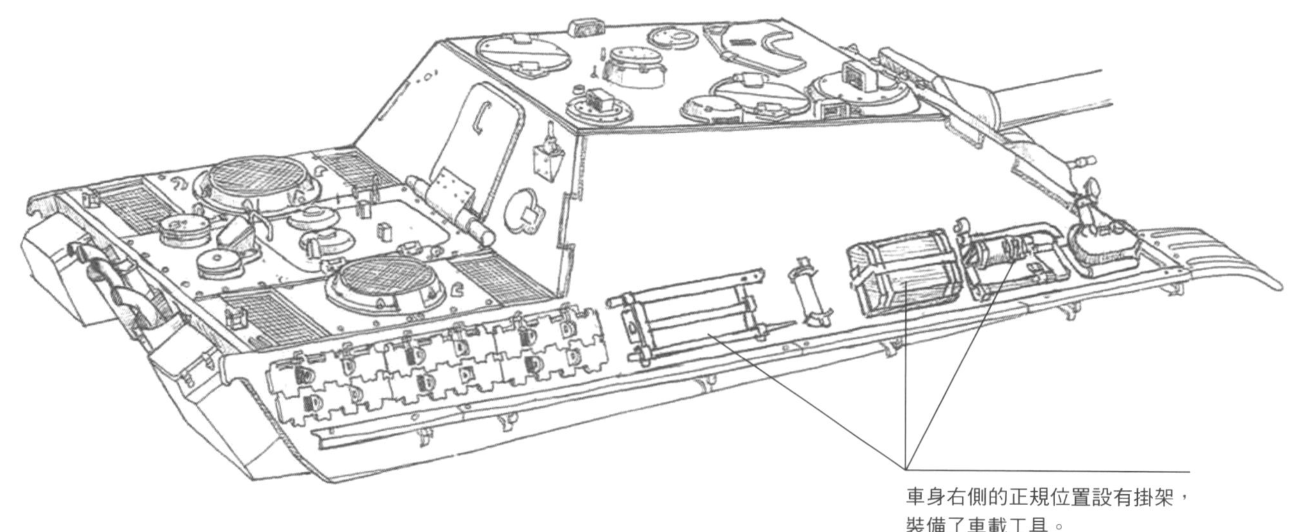

後期量產車的車身背面

【1944年10月之後的量產車】

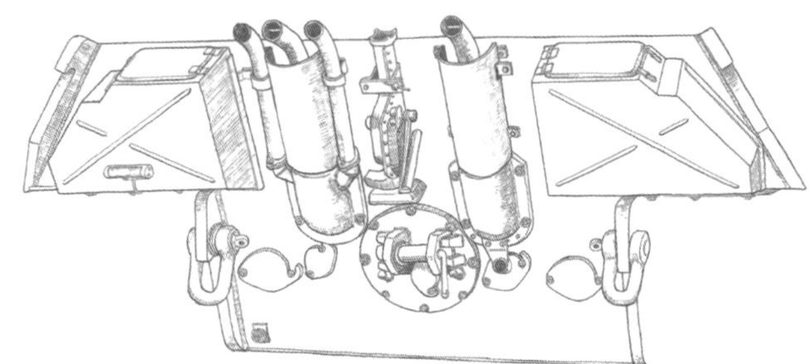

為了改善冷卻性能，1944年5月起開始在左側排氣管兩邊增設冷卻空氣進氣管，並自同年10月起，於排氣管加裝護罩。根據書面資料指出，原本是預計9月左右要將左側排氣管改回原本的單支形式，但其實很後期生產的量產車仍可見3管形式。

【最後期量產車】

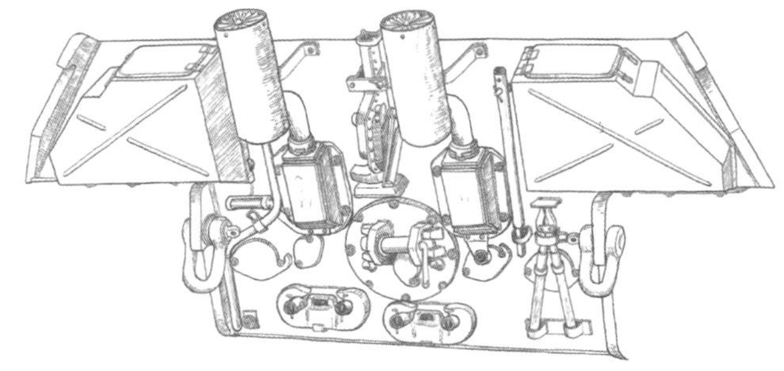

1944年12月起也開始使用附避火消音器的排氣管。另外，1945年2月之後的量產車更裝備了C形扣環、引擎啟動用曲柄、履帶張力調節套筒及破壞剪。

〔圖36〕

獵虎式 第653重戰車驅逐營所屬車輛

Jagdtiger schwere Panzerjäger Abteilung 653

車身各部位特色

這是10輛裝有保時捷懸吊裝置的獵虎式戰車之一，量產6號車。照片是在運送配賦給部隊時所拍攝，因此戰鬥艙上面蓋著遮蔽墊，未裝設側擋泥板，也沒有裝配任何車載工具。車身塗裝了防磁紋塗層。

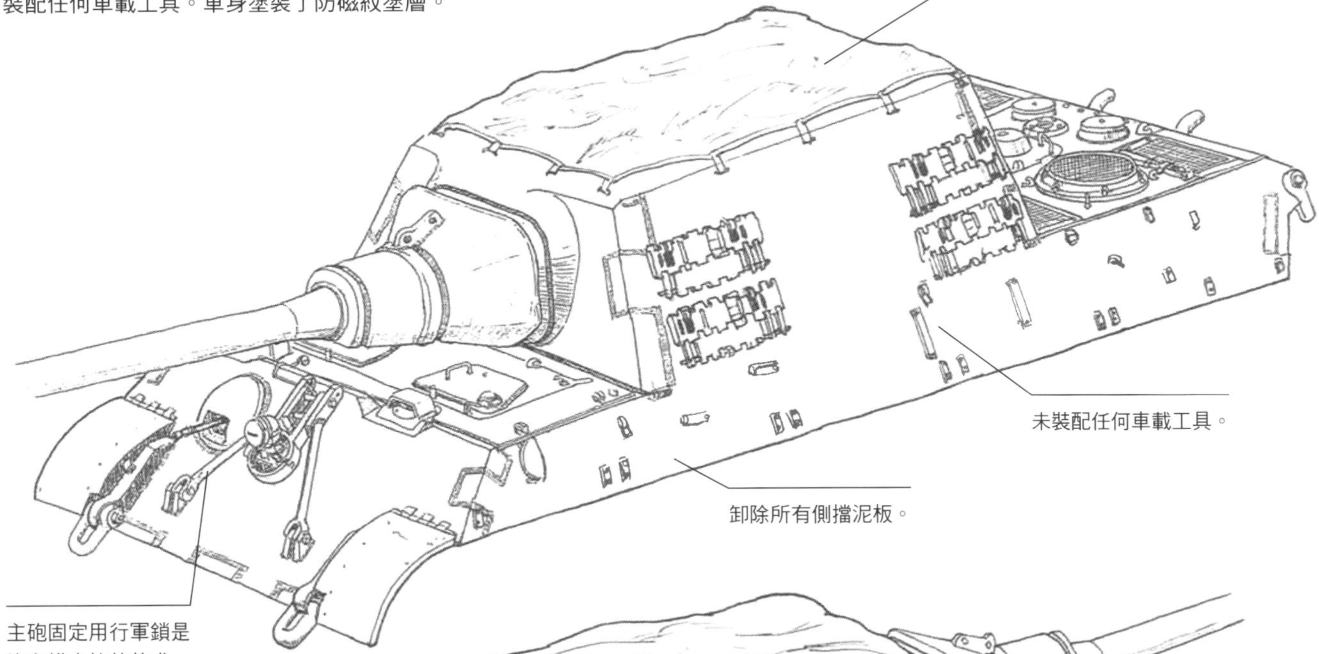

整個戰鬥艙上都覆蓋著帆布。

未裝配任何車載工具。

卸除所有側擋泥板。

主砲固定用行軍鎖是沒有橫支柱的款式。

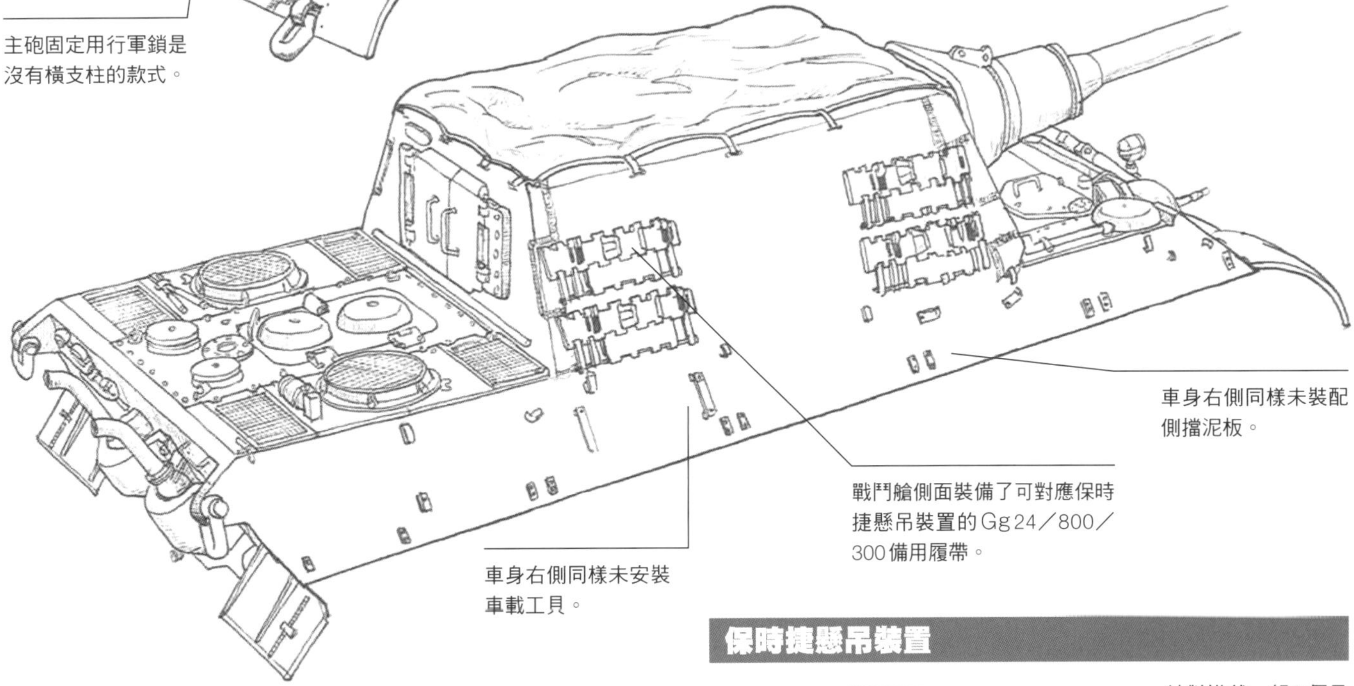

車身右側同樣未裝配側擋泥板。

戰鬥艙側面裝備了可對應保時捷懸吊裝置的Gg24／800／300備用履帶。

車身右側同樣未安裝車載工具。

保時捷懸吊裝置

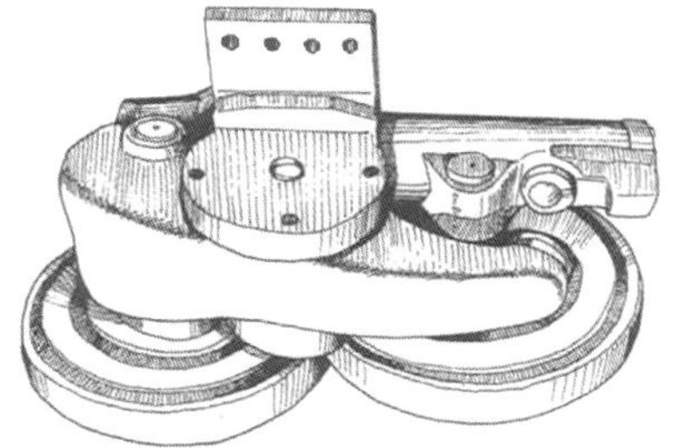

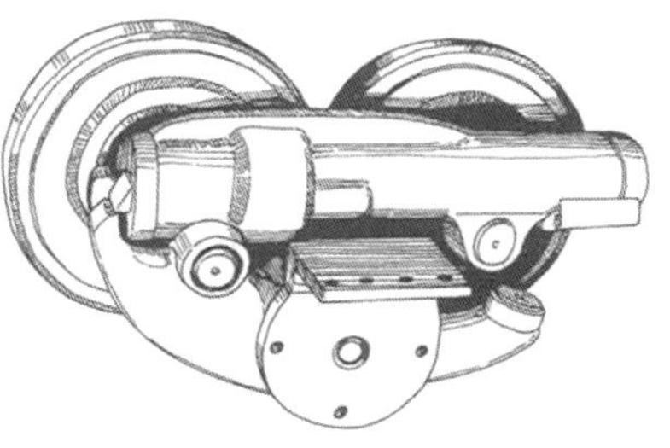

針對搭載一組2個承載輪的轉向架，截至扭桿彈簧的部分採用從外側安裝的一體式設計。姑且先不論行駛性能，當懸吊裝置受損必須更換時，保時捷的會遠比亨舍爾的更容易更換。

早期量產車的車身正面

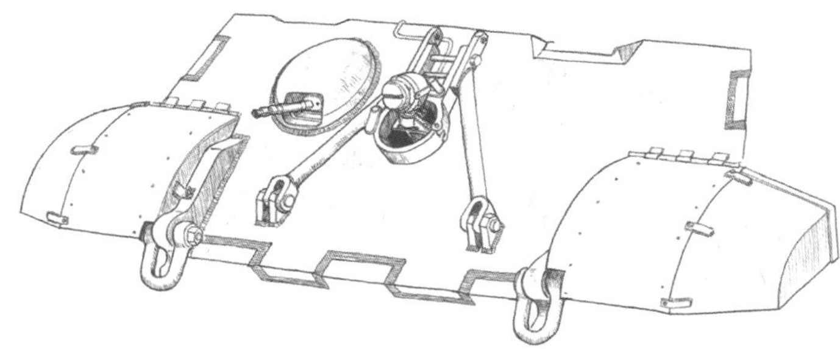

1944年8月起開始裝配主砲固定用行軍鎖，但當時是下方無橫支柱的款式。

Jagdtiger

3./ schwere Panzerjäger Abteilung 653, No.314
March 1945 France/ Alsace region

〔圖37〕

獵虎式
第653重戰車驅逐營
第3連314號車

1945年3月　法國國內／阿爾薩斯地區ス地方

這是搭載保時捷懸吊裝置，且未塗裝防磁紋塗層的最終量產車（量產第11號車）。以RAL7028暗黃色、RAL6003橄欖綠和RAL8017巧克力棕打造成粗條狀的三色迷彩。戰鬥艙側面畫有國籍標識的德軍樑狀十字徽和黑色砲號「314」。

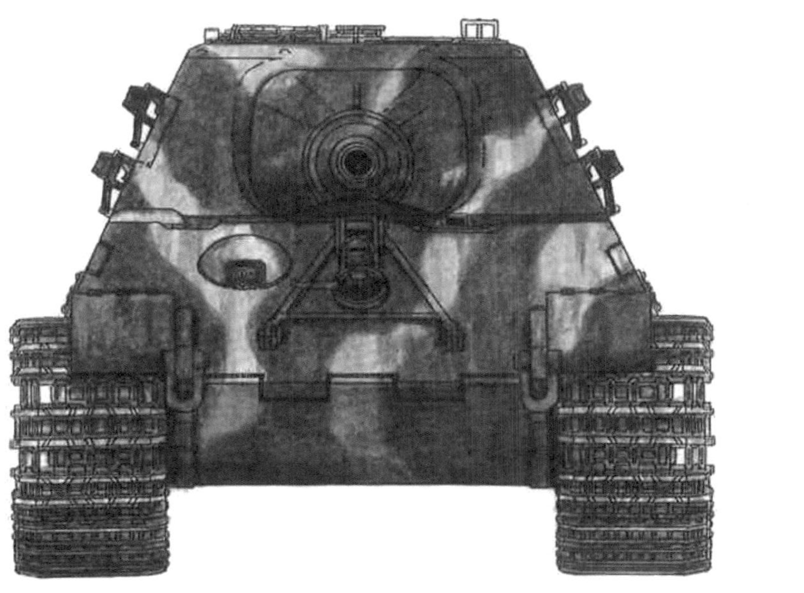

Jagdtiger
3./ schwere Panzerjäger Abteilung 653, No.331
March 1945 Germany/ Neustadt

〔圖38〕

獵虎式
第653重戰車驅逐營
第3連331號車

1945年3月 德國國內／諾伊施塔特

塗裝是以大戰末期標準迷彩配色之一的RAL7028暗黃色、RAL6003橄欖綠和RAL8017巧克力棕打造成「光影迷彩」。橄欖綠和巧克力棕打底的部分會畫上暗黃色斑點，暗黃色打底的部分則是畫上橄欖綠斑點。戰鬥艙側面有個僅以黑十字描繪的國籍標識，正下方則是用黑底白框寫出砲號「331」。

〔圖37〕

獵虎式 第653重戰車驅逐營 第3連314號車

Jagdtiger 3./ schwere Panzerjäger Abteilung 653, No.314

車身各部位特色

搭載保時捷懸吊裝置的最終車輛（量產11號車）。戰鬥艙側面雖然裝備了完整的備用履帶，但並未裝配所有的車載工具，且無側擋泥板，車身也沒有塗裝防磁紋塗層。

戰鬥艙左右兩側共8處裝配了可對應保時捷懸吊裝置的Gg24／800／300備用履帶。

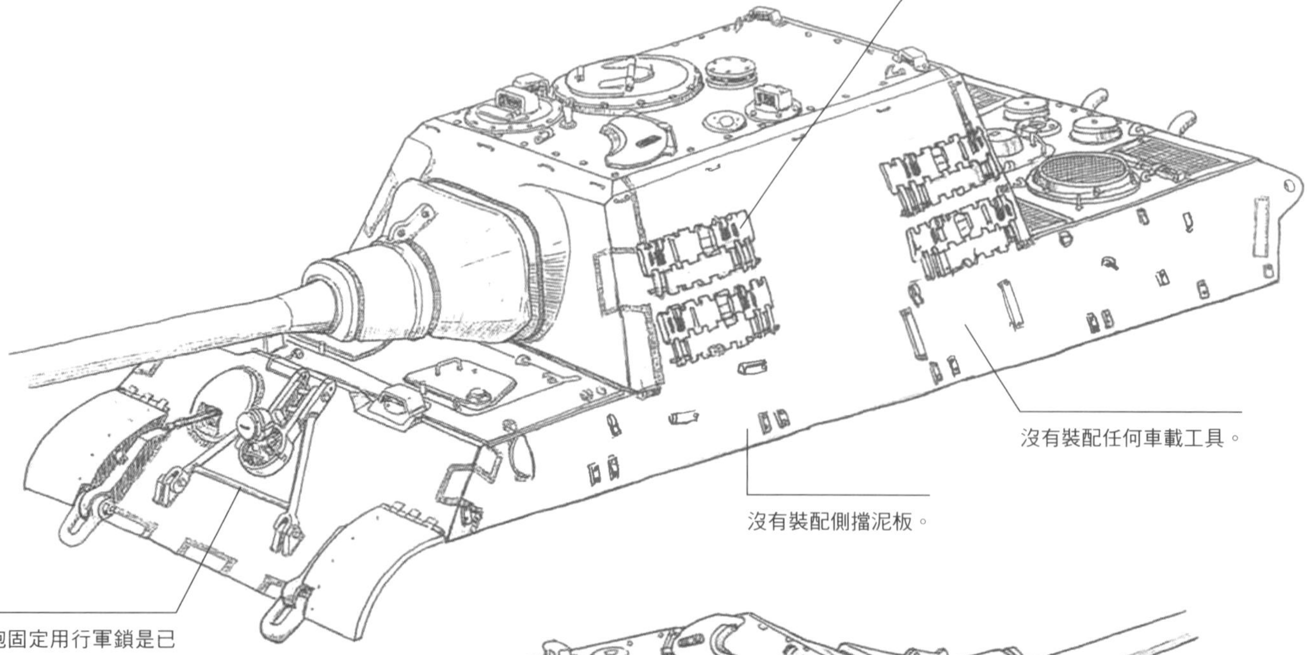

沒有裝配任何車載工具。

沒有裝配側擋泥板。

主砲固定用行軍鎖是已經加裝橫支柱的款式。

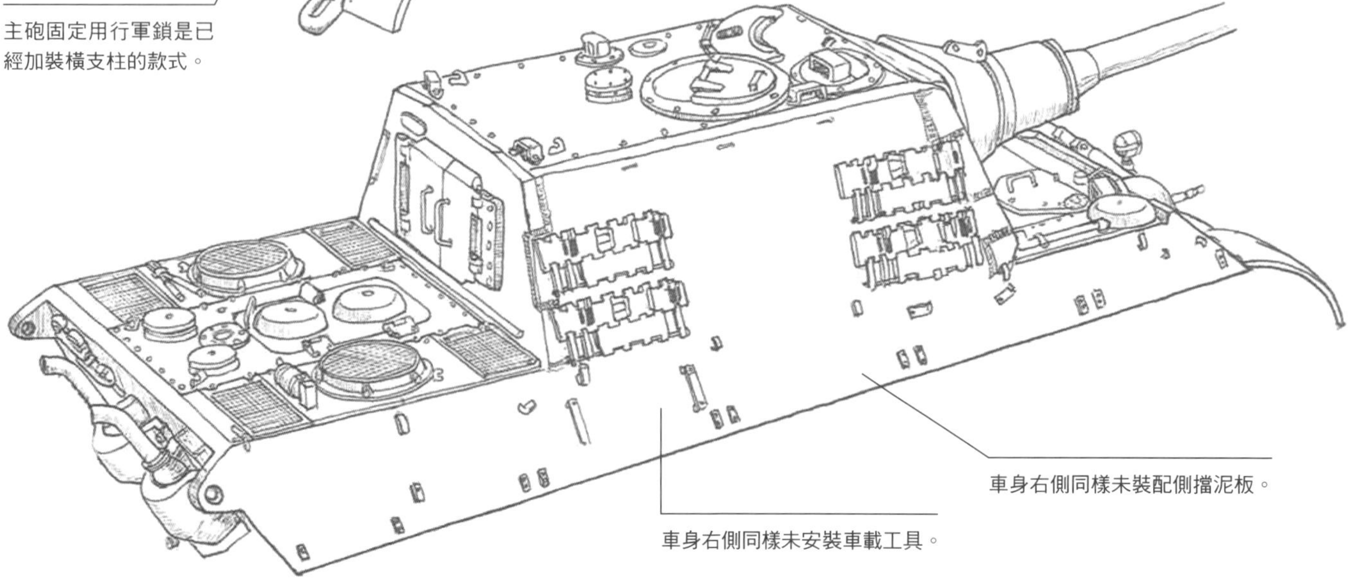

車身右側同樣未裝配側擋泥板。

車身右側同樣未安裝車載工具。

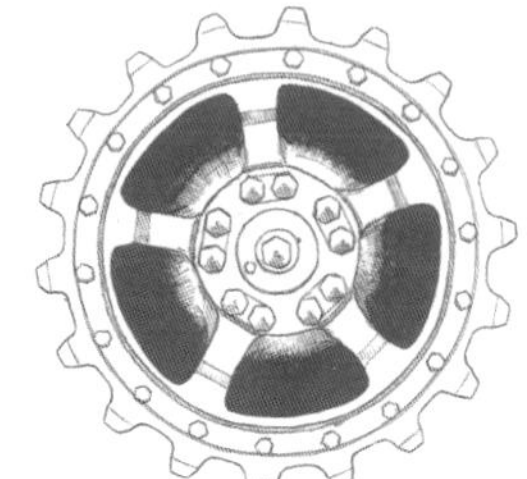

搭載保時捷懸吊系統的主動輪

齒盤數為18齒，可對應專用的Gg24／800／300履帶。

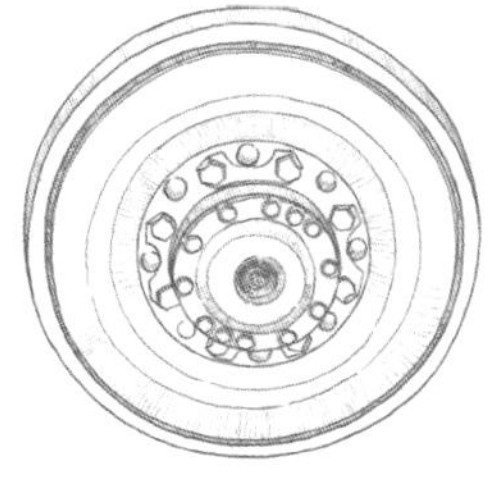

保時捷懸吊系統的承載輪

內建緩衝橡膠的減震式承載輪。

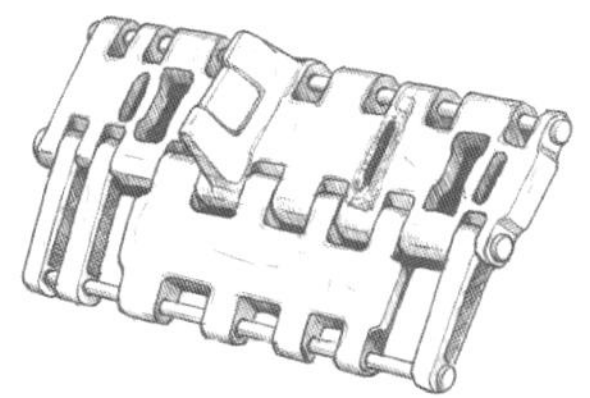

Gg24／800／300履帶

可對應保時捷懸吊系統的履帶。2處設有導架（guide horn），但內側導架會與轉向架碰觸，因此予以切除。

搭載保時捷懸吊系統的惰輪

雖然很像搭載了亨舍爾懸吊系統的惰輪，但此惰輪直徑比亨舍爾的少30㎜。

〔圖38〕

獵虎式 第653重戰車驅逐營 第3連331號車

Jagdtiger 3./ schwere Panzerjäger Abteilung 653, No.331

車身各部位特色

1944年10月生產，車身編號305020。1945年3月21日因為無法行駛，只好放置在德國諾伊施塔特，結果遭美軍擄獲。此車被投入激烈戰事，所以車身各處可見彈襲及損傷痕跡。此車原本放置在美國亞伯丁陸軍兵器博物館，目前則是移交給本寧堡的美國國家步兵博物館保存。

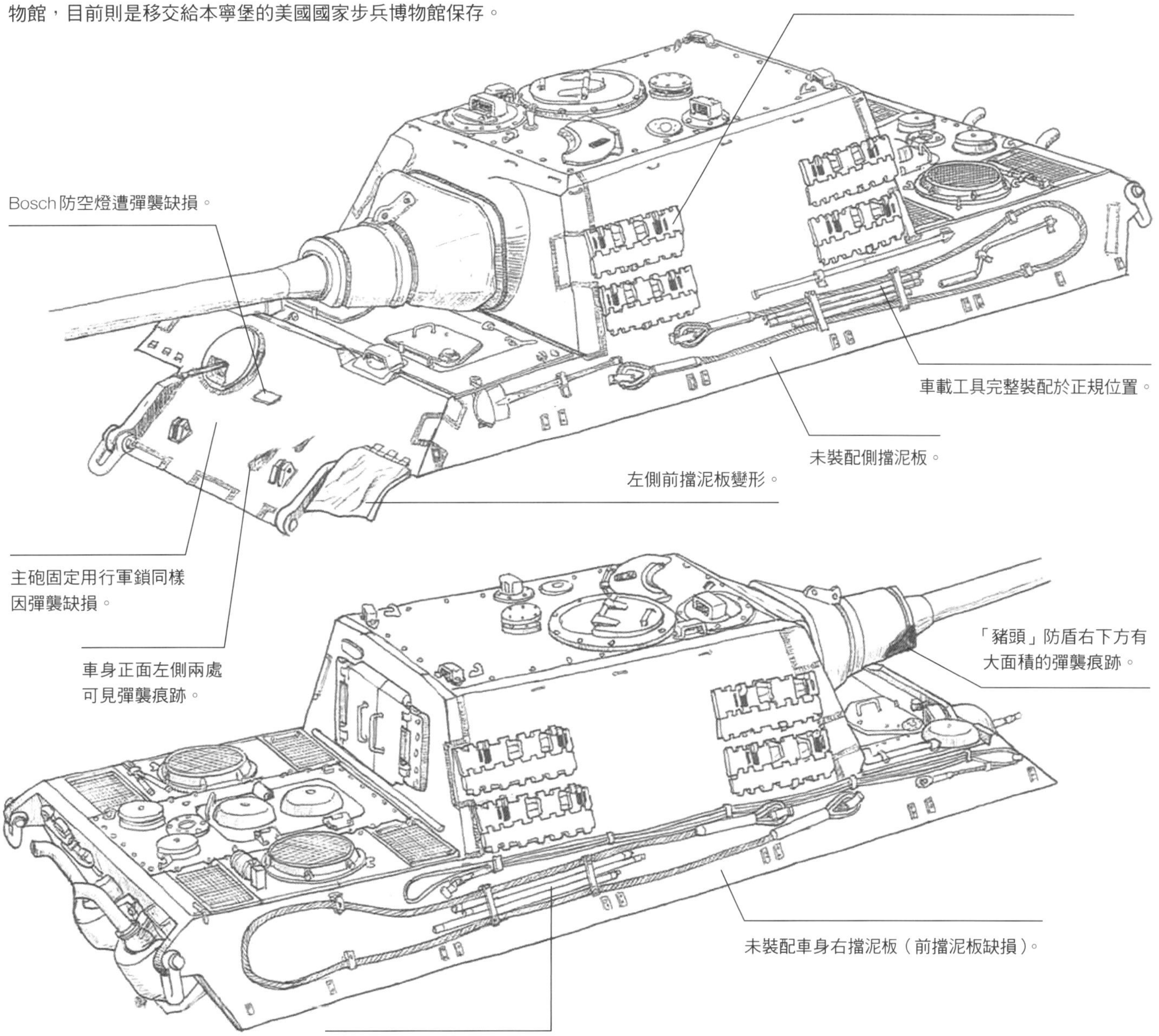

戰鬥艙兩側的備用履帶架裝備了可對應亨舍爾懸吊裝置的Gg26／800／300履帶。

Bosch防空燈遭彈襲缺損。

車載工具完整裝配於正規位置。

未裝配側擋泥板。

左側前擋泥板變形。

主砲固定用行軍鎖同樣因彈襲缺損。

車身正面左側兩處可見彈襲痕跡。

「豬頭」防盾右下方有大面積的彈襲痕跡。

未裝配車身右擋泥板（前擋泥板缺損）。

車身右側也裝配有車載工具。

1944年7月之後量產車的車身背面

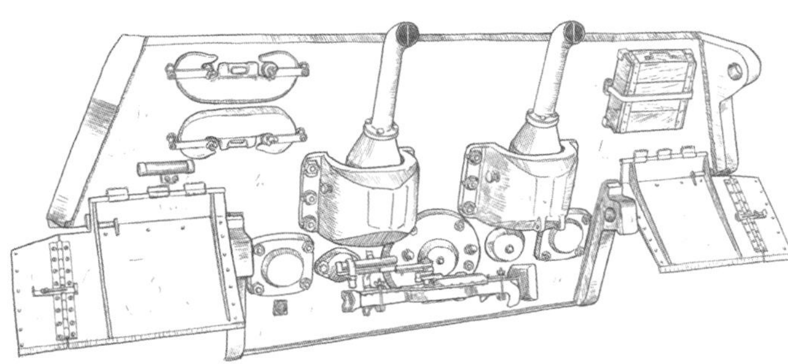

左側裝備有2個C形扣環，下方則有千斤頂，右側為千斤頂台座。廢除最初可見的排氣管護罩。另外，1944年11月之後的量產車也廢除了千斤頂和千斤頂台座。

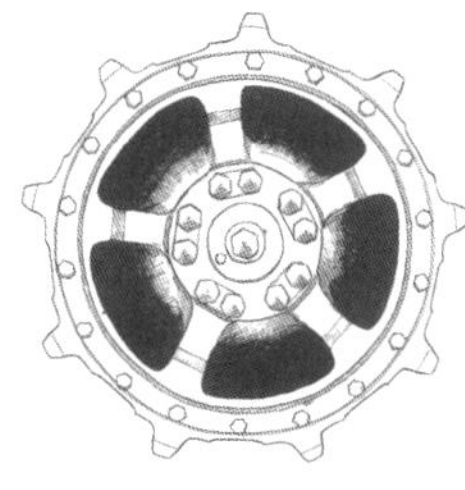

亨舍爾懸吊系統的承載輪

可對應Gg26／800／300履帶，並削減每片齒盤的齒數，改成9齒齒盤。

搭載亨舍爾懸吊系統的惰輪

與保時捷型極為相似，僅尺寸稍大一些。

Jagdtiger
3./ schwere Panzerjäger Abteilung 653, No.323
March 1945 Germany/ Neustadt

〔圖39〕

獵虎式
第653重戰車驅逐營
第3連323號車

1945年3月　德國國內／諾伊施塔特

這是跟圖38的331號車在同個地點遭美軍擄獲的第653重戰車驅逐營車輛。與331號車一樣，以RAL7028暗黃色、RAL6003橄欖綠和RAL8017巧克力棕打造成「光影迷彩」。砲號「323」有明顯重新塗改的痕跡，字體也跟331號車完全不同。國籍標識則是跟331號車一樣，僅畫出黑十字。

Jagdtiger
1./ schwere Panzerjäger Abteilung 512, No.X1
April 1945 Germany/ Iserlohn

〔圖40〕

獵虎式
第512重戰車驅逐營
第1連X1號車

1945年4月　德國國內／伊瑟隆

以RAL7028暗黃色、RAL6003橄欖綠和RAL8017巧克力棕打造成的三色迷彩，迷彩紋樣為粗條狀。砲號較特別，字首為X（猜測「X1」是指第1連長車）。X1前面繪有國籍標識的德軍樑狀十字徽。戰鬥艙背面的國籍標識和砲號則是參考同部隊的X7號車（圖43）推測繪製而成。

獵虎式 第653重戰車驅逐營 第3連323號車
Jagdtiger 3./ schwere Panzerjäger Abteilung 653, No.323

車身各部位特色

1944年9月之後生產，裝配有標準亨舍爾懸吊裝置的車輛。配備有完整的車載工具及履帶。側擋泥板全數拆除，其實獵虎式戰多半是以此狀態使用。

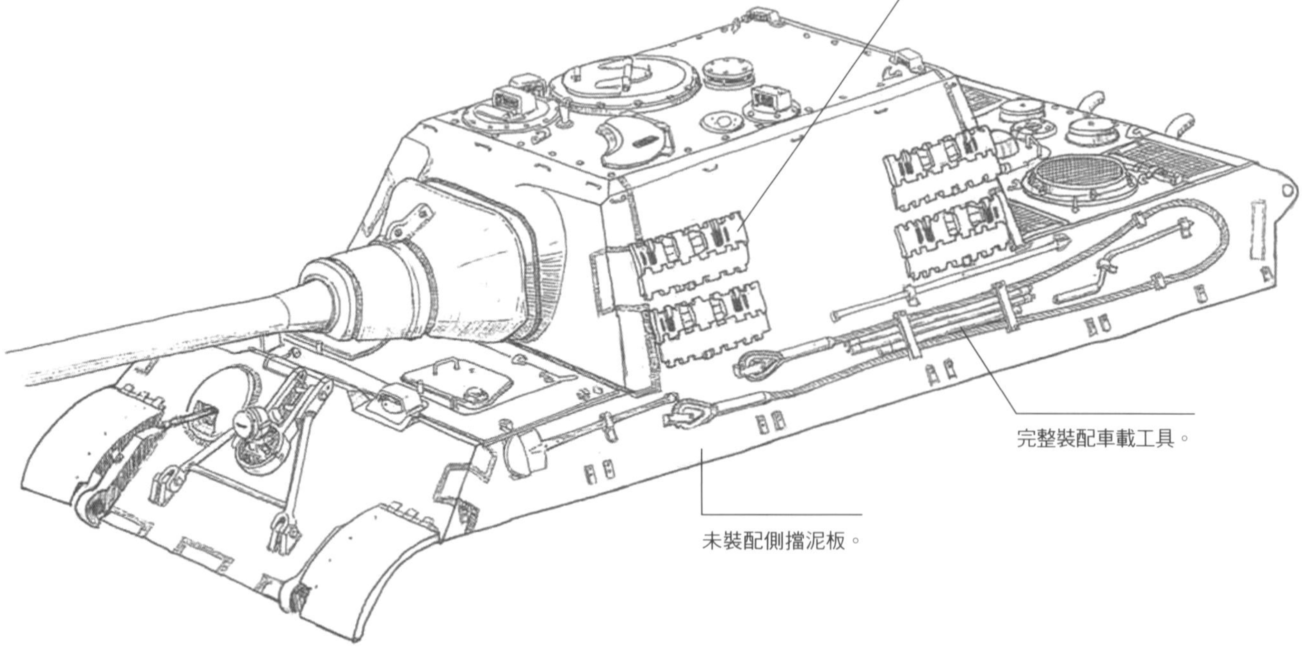

戰鬥艙側面裝備了可對應亨舍爾懸吊裝置的Gg26／800／300履帶。

完整裝配車載工具。

未裝配側擋泥板。

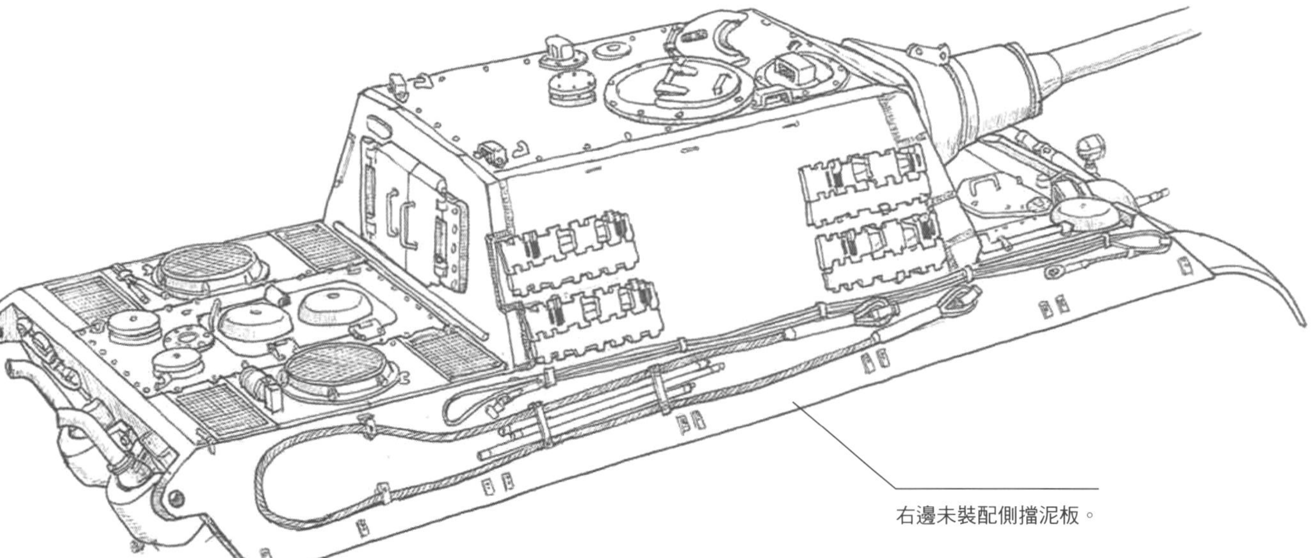

右邊未裝配側擋泥板。

戰鬥艙背面配置的變遷

【1944年8月之後的量產車】

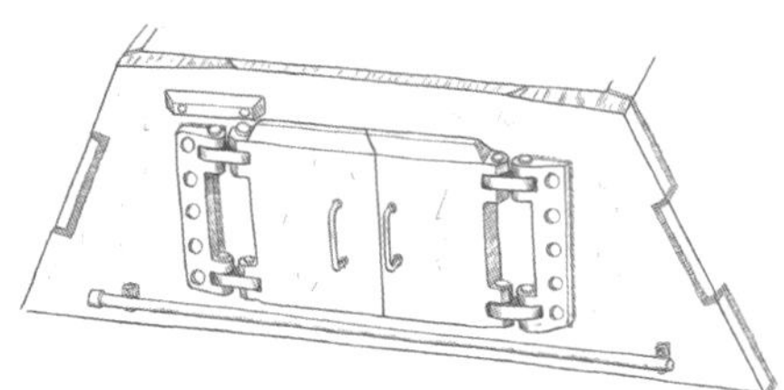

背面門蓋下方裝配天線盒。1944年8月開始用長方形遮蔽物將門蓋左上方的指揮車用追加天線安裝孔蓋住，並將左右兩邊的上緣進行切削加工，以增加後方視認潛望鏡的視線範圍。

【最終量產車】

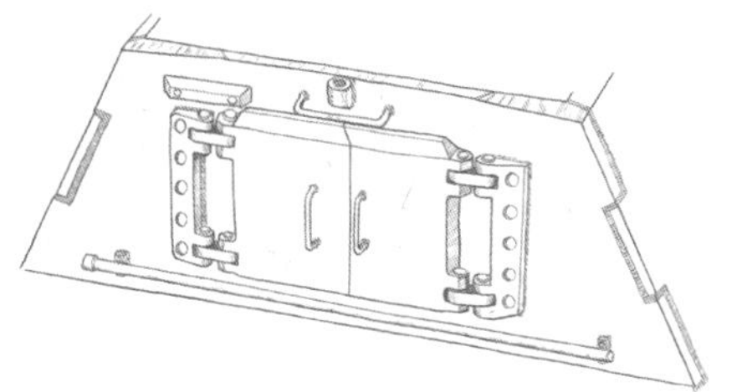

1944年12月開始在門蓋上方加裝橫把手。1945年2月之後，更在把手上方裝配用來安裝2t吊架的圓柱狀基座。

【指揮車型】

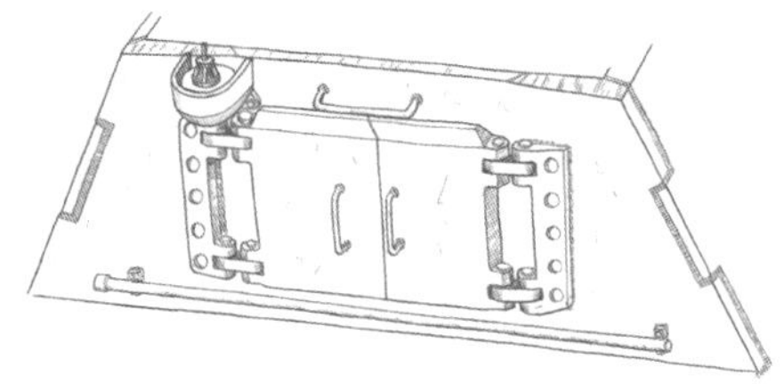

戰鬥艙背面的左上方加裝指揮車用天線基座。

〔圖40〕

獵虎式 第512重戰車驅逐營 第1連X1號車

Jagdtiger 1./ schwere Panzerjäger Abteilung 512, No.X1

車身各部位特色

1944年9月之後生產，裝配有標準亨舍爾懸吊裝置的車輛。各掛架完整裝配了備用履帶及車載工具，動力艙上面還裝設了MG42用對空機槍架。車身側面則未裝配側擋泥板。

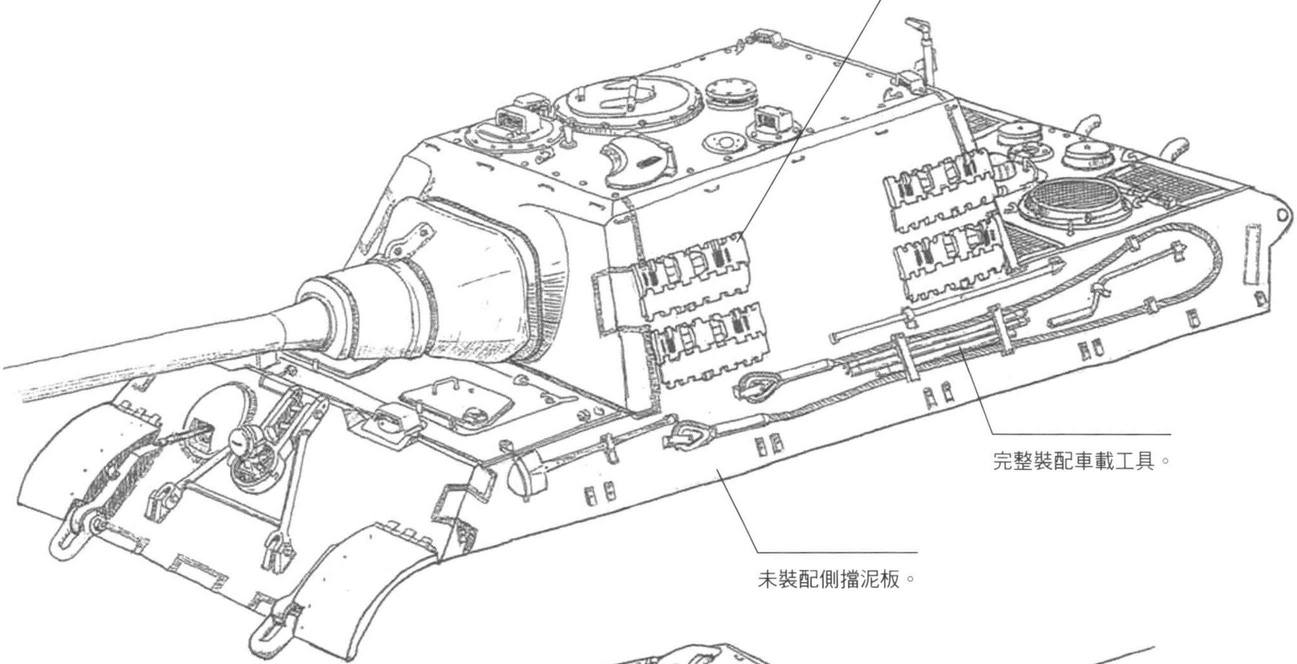

戰鬥艙左右兩邊的預備履帶掛架裝配有可對應亨舍爾懸吊裝置的Gg26／800／300履帶。

完整裝配車載工具。

未裝配側擋泥板。

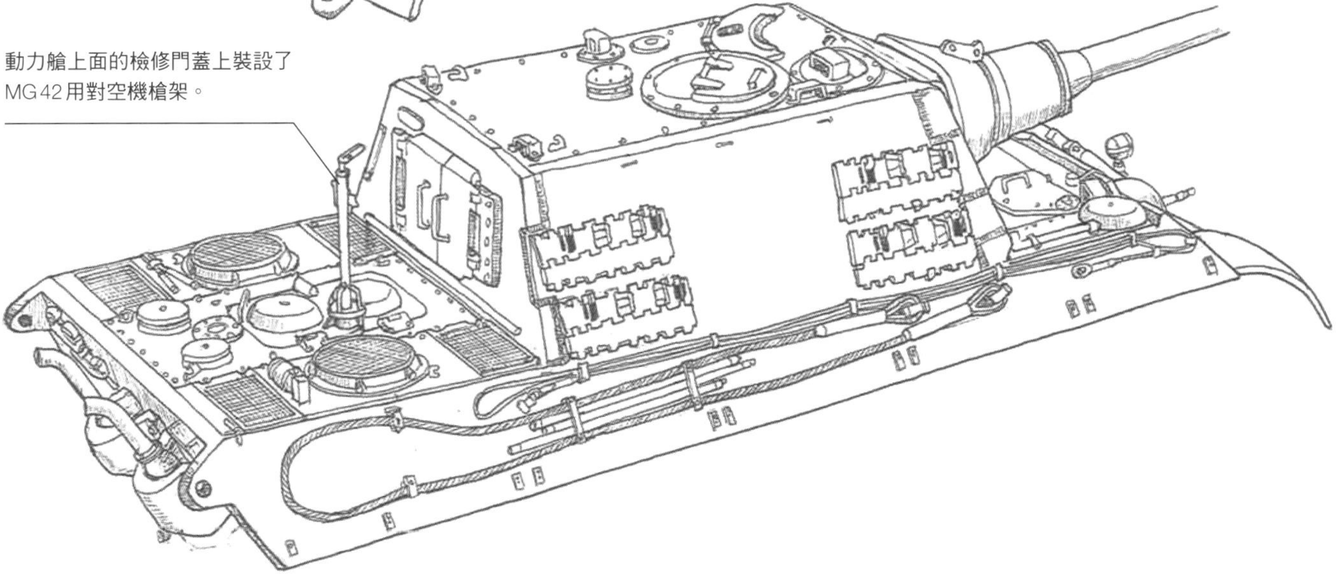

動力艙上面的檢修門蓋上裝設了MG42用對空機槍架。

車身前方的駕駛艙上面

【1944年8月之後的量產車】

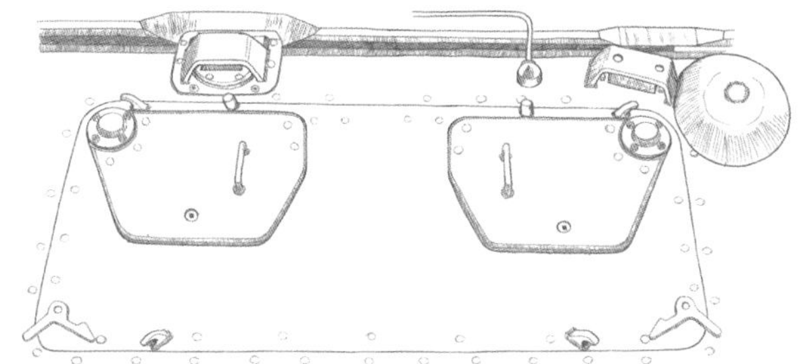

1944年8月生產，量產第9號車之後的駕駛艙上面配置。配置其實跟參考基礎的虎Ⅱ戰車幾乎一樣，但為了確保主砲俯角，將換氣鼓風機從中間移至右邊，吊鉤位置也有變動。

【1944年12月之後的量產車】

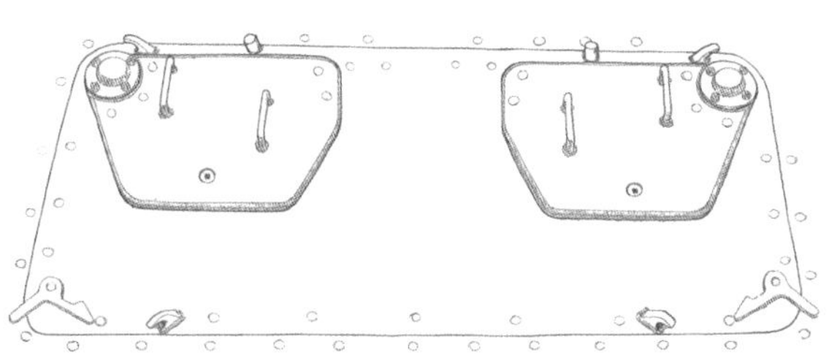

駕駛手（左側）與無線電手（右側）的門蓋上方分別加裝2個把手。

Jagdtiger

1./ schwere Panzerjäger Abteilung 512, No.X2
April 1945 Germany/ Iserlohn

〔圖41〕

獵虎式 第512重戰車驅逐營 第1連X2號車

1945年4月　德國國內／伊瑟隆

這應該是也是RAL7028暗黃色、RAL6003橄欖綠和RAL8017巧克力棕組合成的三色迷彩，但因為照片中樹枝遮掩住整輛車，所以迷彩紋樣是自行推測的。跟圖40的X1號車一樣，戰鬥艙側面上半部繪有國籍標識的德軍樑狀十字徽和白色的砲號「X2」。砲管前端則有用白漆畫了5條擊破功標，可說是此車的最大特色。

Jagdtiger

2./ schwere Panzerjäger Abteilung 512, No.Y
April 1945 Germany/ Iserlohn

〔圖42〕

獵虎式 第512重戰車驅逐營 第2連Y號車

1945年4月　德國國內／伊瑟隆

此車與圖40的X1號車、圖41的X2號車同樣隸屬第512重戰車驅逐營，但戰鬥艙側面上半部的砲號卻是寫「Y」(不清楚為何沒有數字)。「Y」可能是指第2連車輛（所以第3連很有可能是「Z」)。車身施以RAL7028暗黃色、RAL6003橄欖綠和RAL8017巧克力棕的三色迷彩，未標示出國籍標識。

獵虎式 第512重戰車驅逐營 第1連X2號車

Jagdtiger 1./ schwere Panzerjäger Abteilung 512, No.X2

車身各部位特色

1944年9月之後生產，裝配有標準亨舍爾懸吊裝置的車輛。車身最前方有彈襲痕跡，部分車載工具遺失。車身側面未裝備側擋泥板。

戰鬥艙兩側的備用履帶架裝備了可對應亨舍爾懸吊裝置的Gg26／800／300履帶。

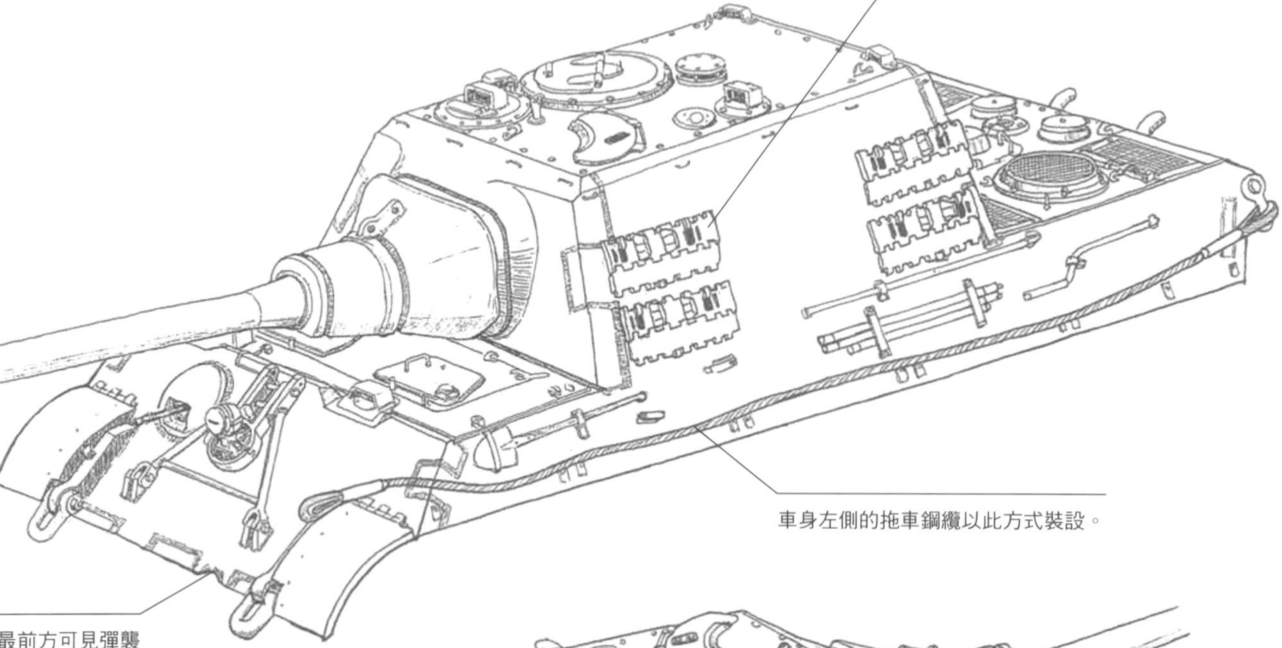

車身左側的拖車鋼纜以此方式裝設。

車身最前方可見彈襲痕跡。

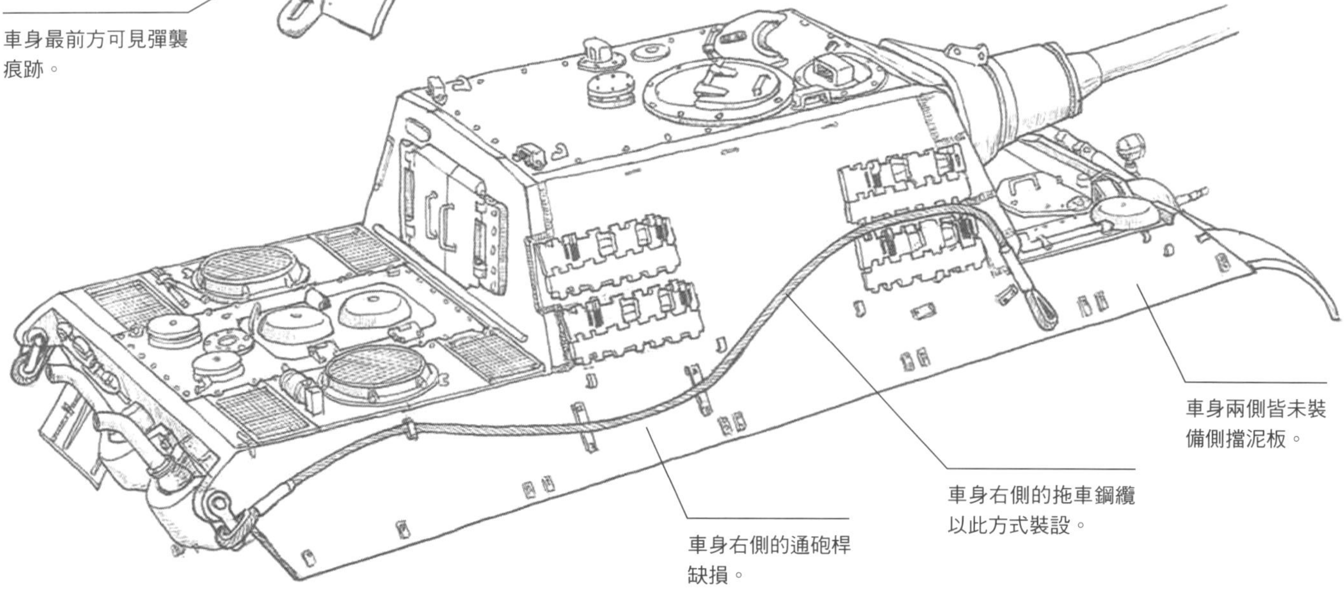

車身兩側皆未裝備側擋泥板。

車身右側的拖車鋼纜以此方式裝設。

車身右側的通砲桿缺損。

戰鬥艙上面

【1945年1月為止的量產車】

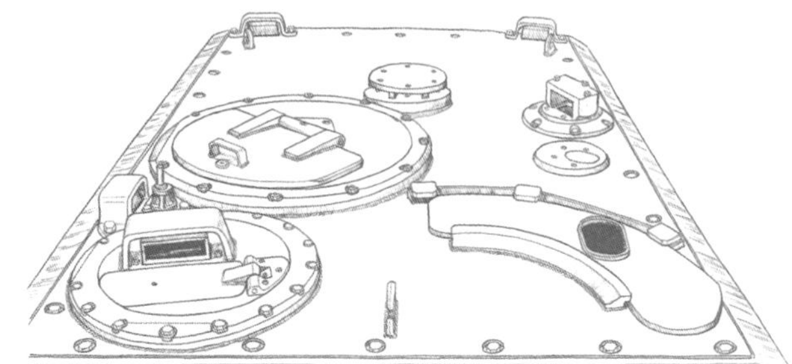

右側最前方（圖片的左下角）設置了旋轉式車長潛望鏡（較靠近手邊的是砲隊鏡門蓋），潛望鏡正後方則是右方視認潛望鏡與天線基座，另外還有車長門蓋。左側由前往後則分別設置了瞄準鏡滑蓋、近迫防禦武器、旋轉式潛望鏡，中間還有換氣鼓風機，最末端的左右兩側則配置了後方視認潛望鏡。

【1945年2月之後的量產車】

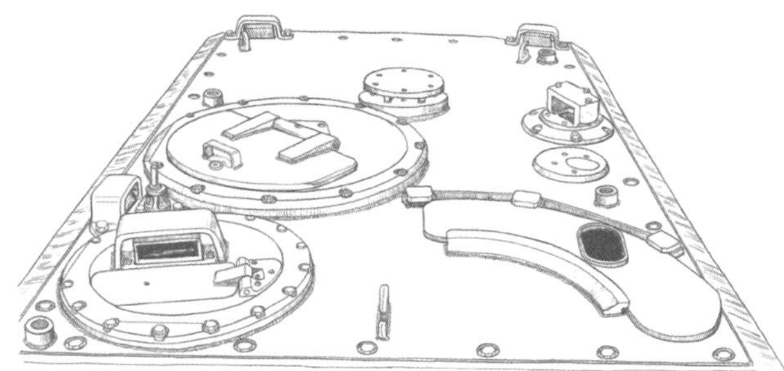

右側最前端、車長門蓋斜後方、左邊瞄準鏡滑蓋後方，以及左邊的最後面（吊鉤稍微往內移）共計4處設置了用來安裝2t吊架的圓柱狀基座。

〔圖42〕

獵虎式 第512重戰車驅逐營 第2連Y號車

Jagdtiger 2./ schwere Panzerjäger Abteilung 512, No.Y

車身各部位特色

1944年12月之後的後期量產車。這時期的量產車會在戰鬥艙側面增設備用履帶掛架，特徵在於上下2列×3排的配置。

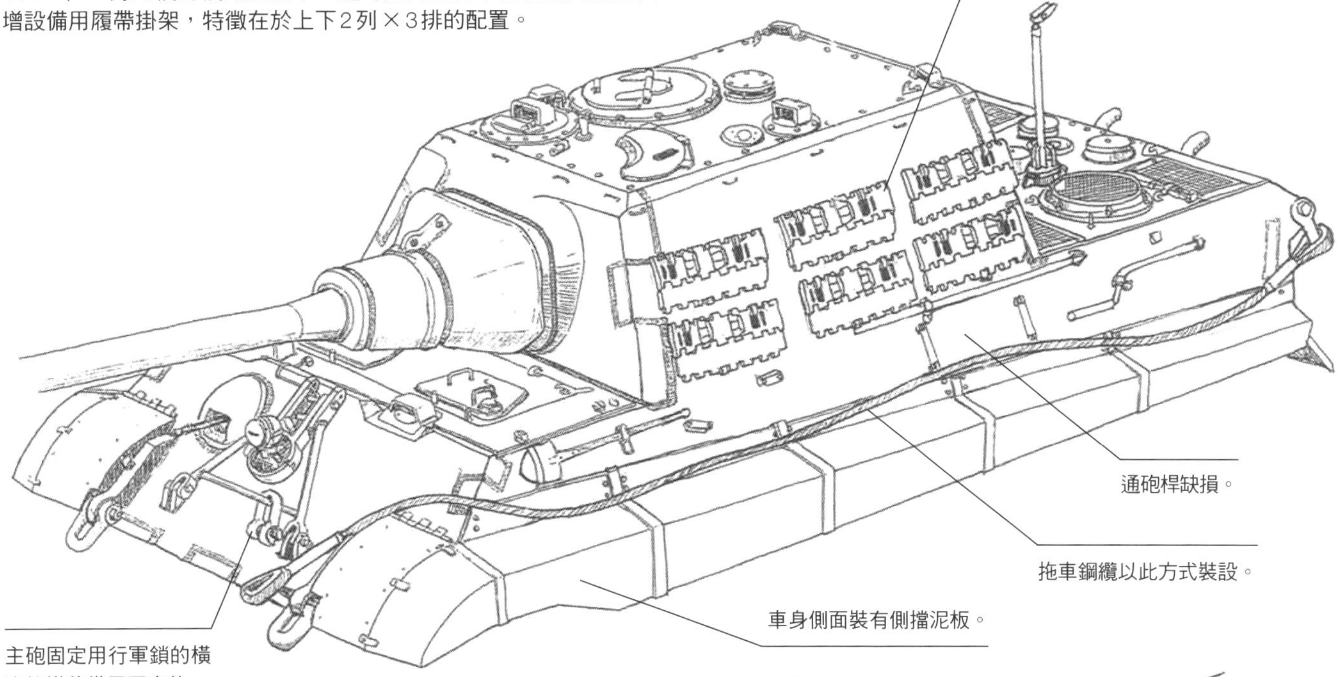

備用履帶採下2列×3排配置。

通砲桿缺損。

拖車鋼纜以此方式裝設。

車身側面裝有側擋泥板。

主砲固定用行軍鎖的橫支柱掛著備用固定鉤。

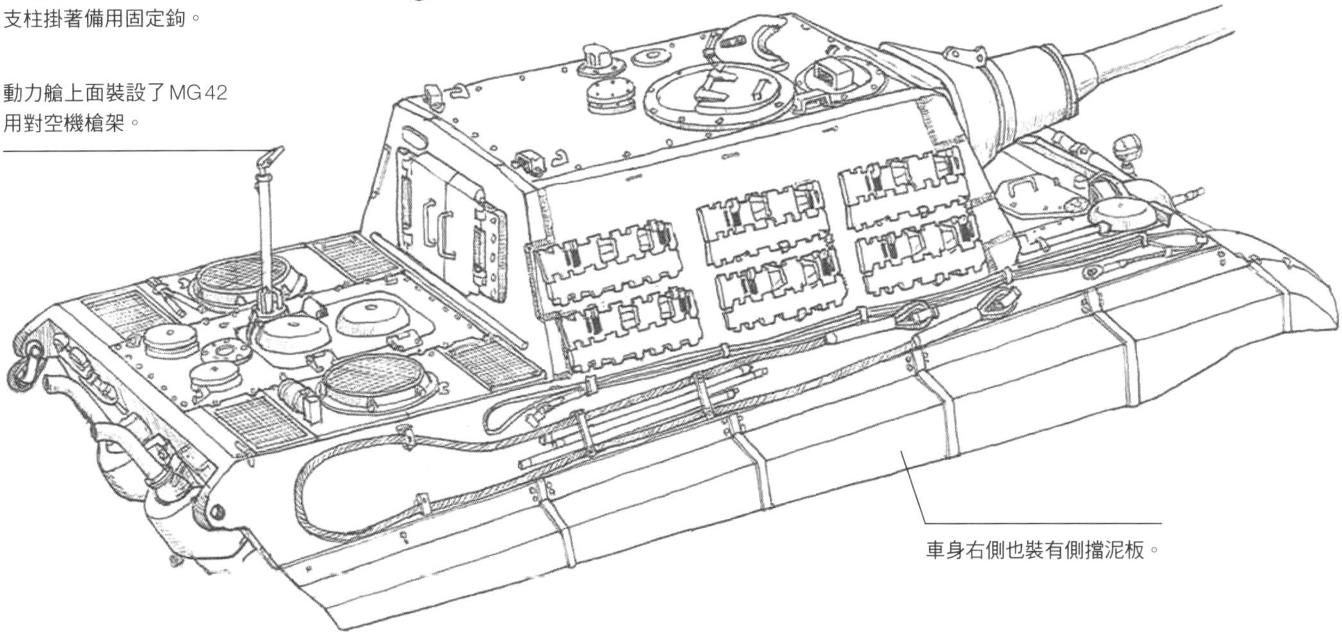

動力艙上面裝設了MG42用對空機槍架。

車身右側也裝有側擋泥板。

防盾與戰鬥艙正面

【1944年7月之後的量產車】

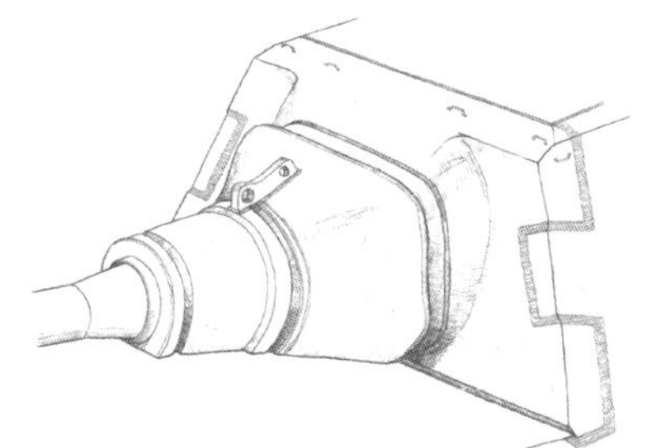

圖為1944年7月生產，是量產第5號車後，可見的樣式。上方的小鉤子會用來固定遮蔽墊，從量產第4號車開始設置。5號車開始廢除設置在防盾後方的補強肋。正面裝甲板下緣也削成斜的。

【1945年2月之後的量產車】

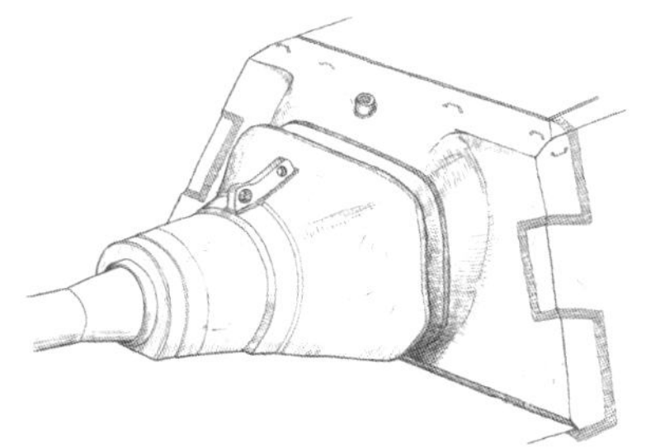

取消防盾前方與中間原有的溝槽加工，並在上方中間處設置用來安裝2t吊架的圓柱狀基座。

1944年12月之後的戰鬥艙側面

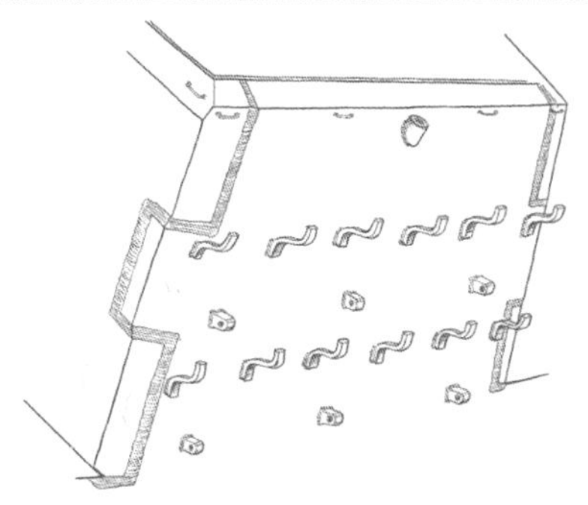

圖為戰鬥艙左側。中間同樣設置了備用履帶架，增為3排配置。單側可裝配總計6組的備用履帶。另外，自1945年2月起，(同左圖的前方)上方中間處也開始焊有圓柱狀基座。

Jagdtiger
1./ schwere Panzerjäger Abteilung 512, No.X7
April 1945 Germany/ Obernetfen

〔圖43〕

獵虎式
第512重戰車驅逐營
第1連X7號車

1945年4月　德國國內／Obernetfen

車身與其他同屬第512重戰車驅逐營的車輛一樣，施以RAL7028暗黃色、RAL6003橄欖綠和RAL8017巧克力棕打造成的三色迷彩。戰鬥艙側面以白漆畫出砲號「X7」。國籍標識的德軍樑狀十字徽雖然也在砲號前面，但位置比X1號車、X2號車稍微低一些，幾乎被備用履帶遮住，所以看不太清楚。戰鬥艙背面的左右兩側畫有國籍標識，背面門蓋則標示了砲號。

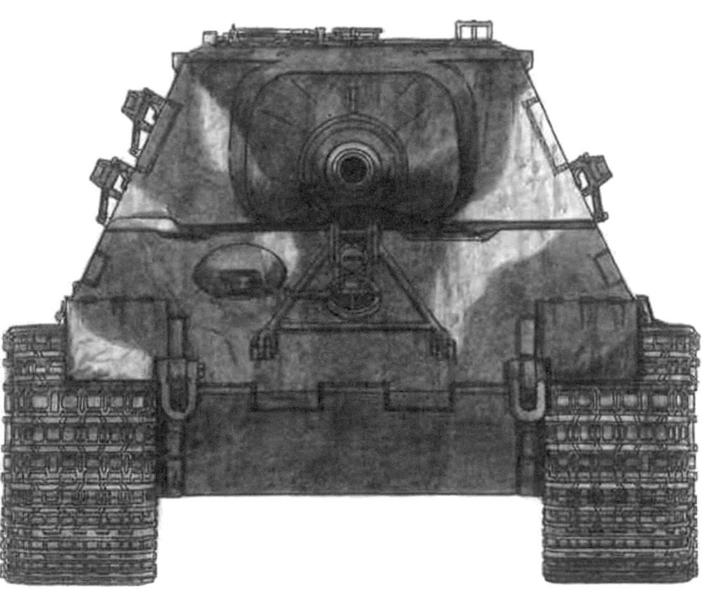

Jagdtiger
schwere Panzerjäger Abteilung 653
April 1945 Austria/ Amstetten

〔圖44〕

獵虎式
第653重戰車驅逐營所屬車輛

1945年4月　奧地利國內／阿姆斯泰登

此車遭蘇聯軍擄獲後，於庫賓卡兵器測試場經調查測試後，就被作為展示車放在庫賓卡戰車博物館。雖然施以RAL7028暗黃色、RAL6003橄欖綠和RAL8017巧克力棕的三色迷彩，但顏色間的邊界相當清晰，迷彩紋樣相當鮮明。國籍標識的德軍樑狀十字徽畫在戰鬥艙側面上半部以及背面左右兩側共4處，但沒有砲號。

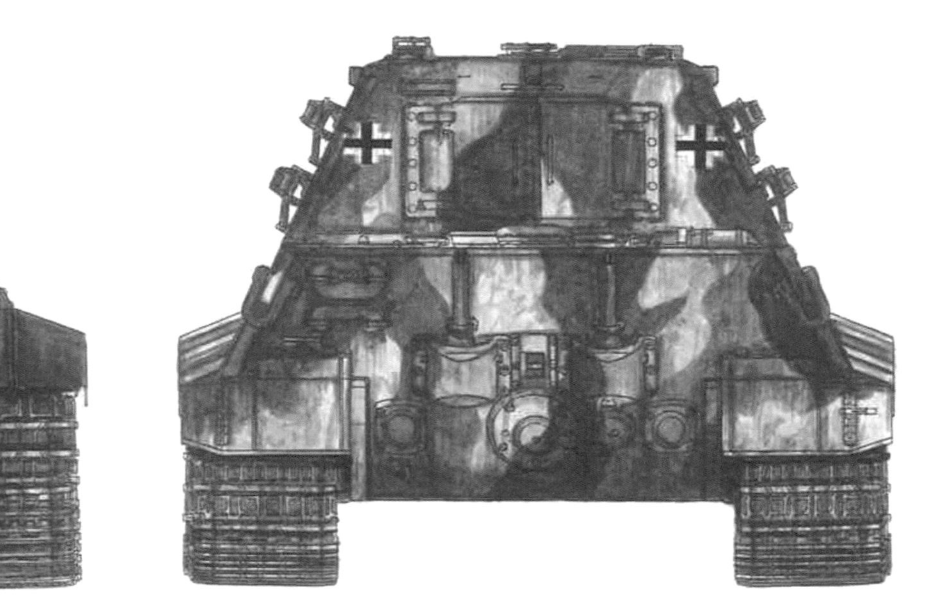

獵虎式 第512重戰車驅逐營 第1連X7號車

Jagdtiger 1./ schwere Panzerjäger Abteilung 512, No.X7

車身各部位特色

此車具備可配置3排備用履帶的掛架等特色，屬1944年12月之後的後期量產車。戰鬥艙左側可見彈襲痕跡。

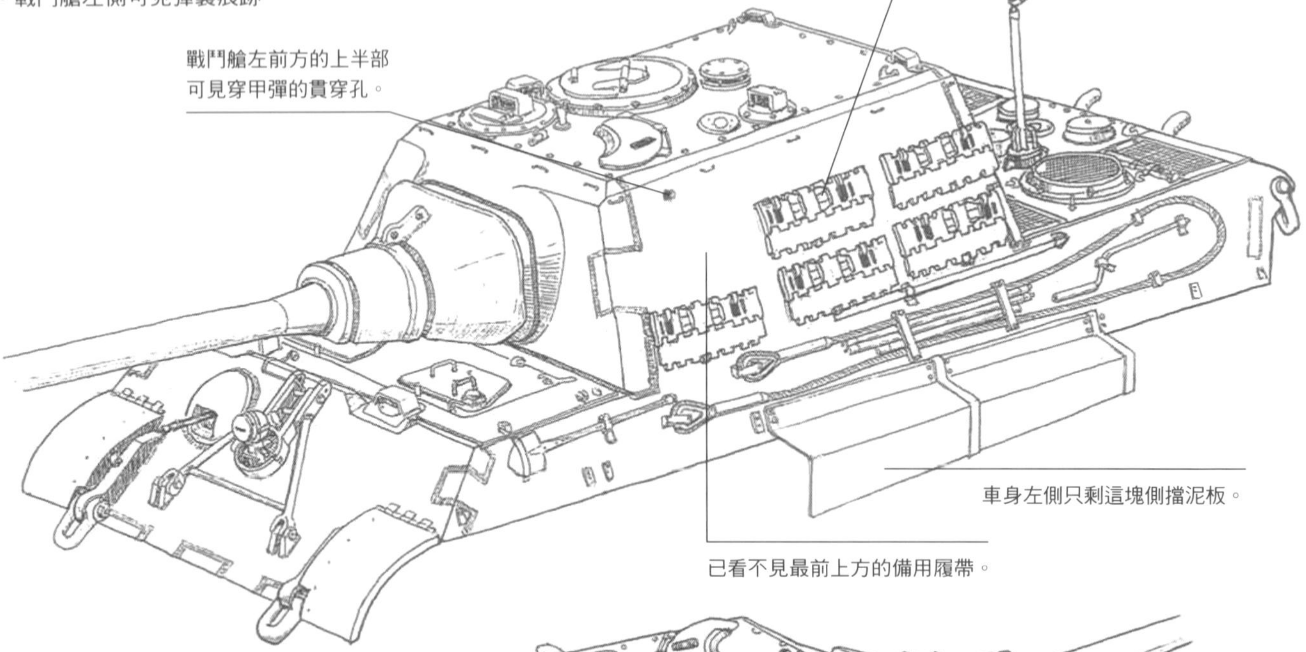

備用履帶架為3排配置，是後期量產車的特色。

戰鬥艙左前方的上半部可見穿甲彈的貫穿孔。

車身左側只剩這塊側擋泥板。

已看不見最前上方的備用履帶。

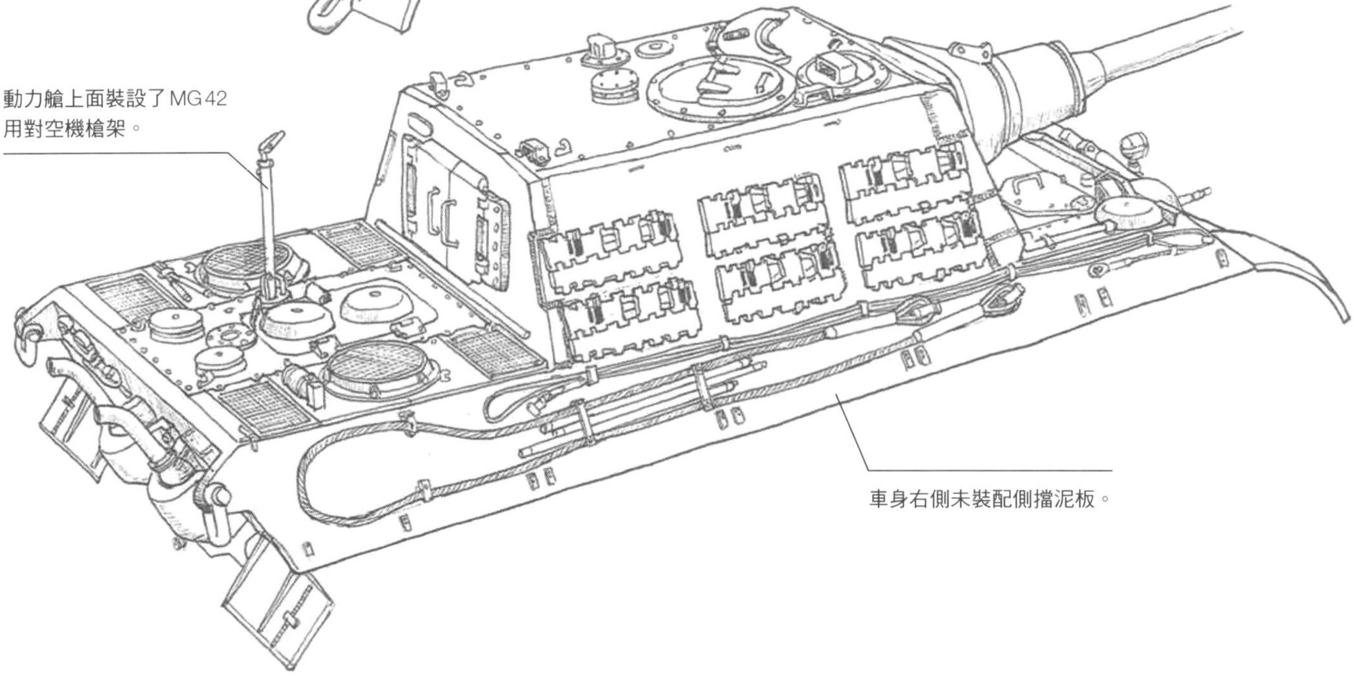

動力艙上面裝設了MG42用對空機槍架。

車身右側未裝配側擋泥板。

動力艙上面

【1944年9月之後的量產車】

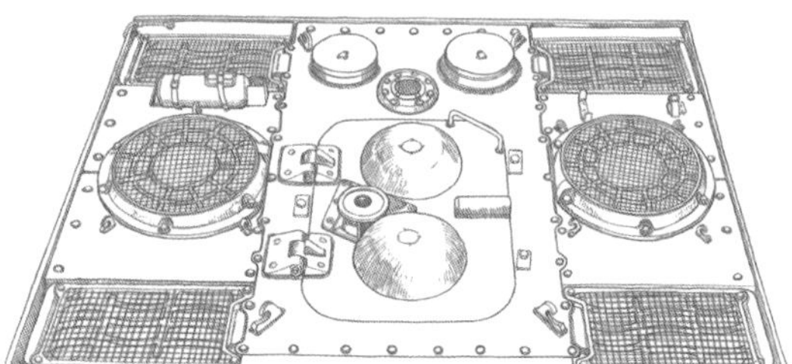

引擎檢修門蓋上設置MG42用對空機槍架台座。另外，還在左側（圖的右邊）圓形排氣柵門周圍加裝了4個吊鉤（之前只有3個）。

【1944年12月之後的量產車】

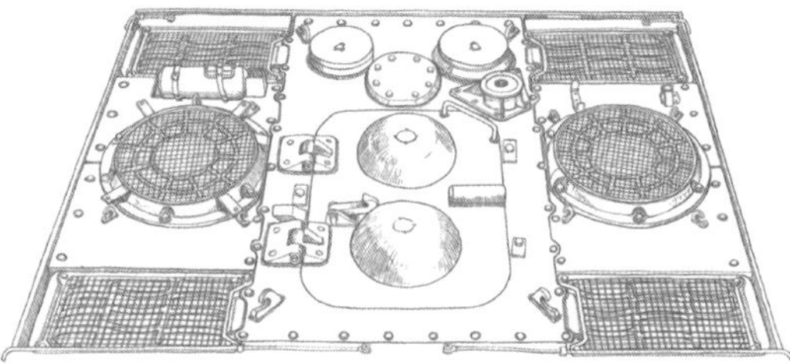

在前後的左右兩端增設燃油箱透氣管。右側（圖的左邊）圓形排氣柵門周圍的4個位置加裝履帶更換用鋼纜的扣具。後側中間的透氣孔則是用圓形鋼板蓋住。對空機槍架設置在引擎檢修門蓋的左後方。

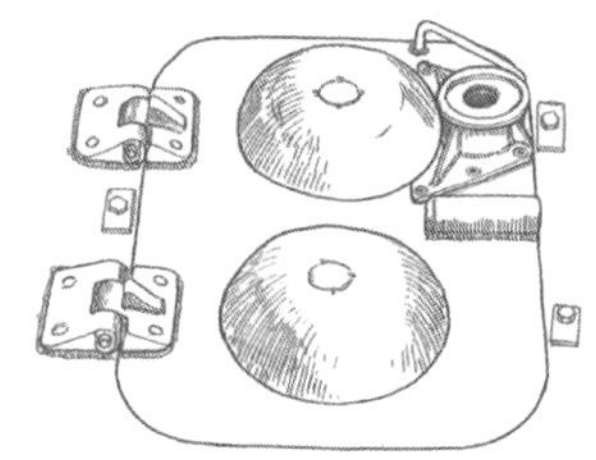

這也是1944年12月之後的量產車會出現的引擎檢修門蓋。門蓋上設有對空機槍架台座。

〔圖44〕

獵虎式 第653重戰車驅逐營所屬車輛

Jagdtiger schwere Panzerjäger Abteilung 653

車身各部位特色

於1945年4月生產，車身編號305083。1945年5月5日，德軍在奧地利阿姆斯泰登投降時，這就是配賦給第653重戰車驅逐營4輛獵虎式戰車的其中1輛。蘇聯軍接手後，就成了庫賓卡戰車博物館館藏，目前則展示於俄羅斯愛國者公園。車輛除了有3排配置的備用履帶架，還加裝了法蘭接合樣式的前擋泥板、戰鬥艙上面用來安裝2t吊架的圓柱狀基座，車身背面中間處則增設有大型拖拉機，都是最後期量產車具備的特徵。

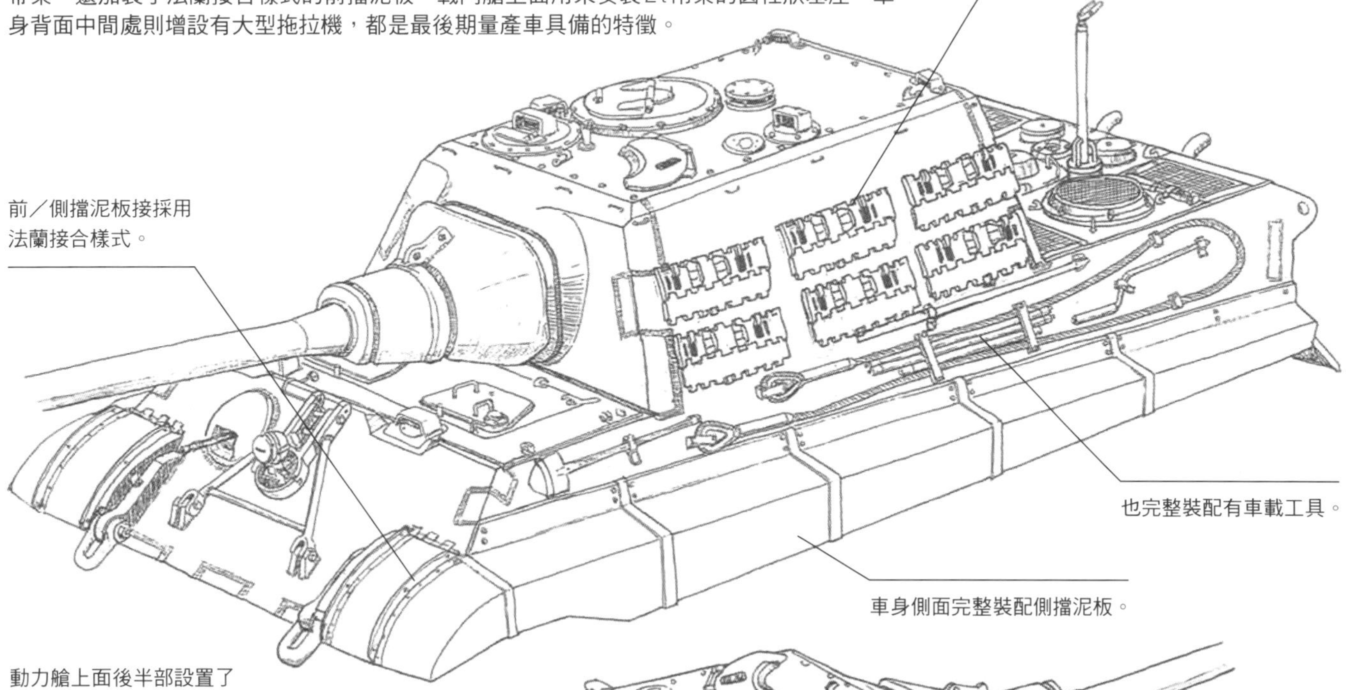

裝配了上下2層×3排，單側共6組的備用履帶。

前／側擋泥板接採用法蘭接合樣式。

也完整裝配有車載工具。

車身側面完整裝配側擋泥板。

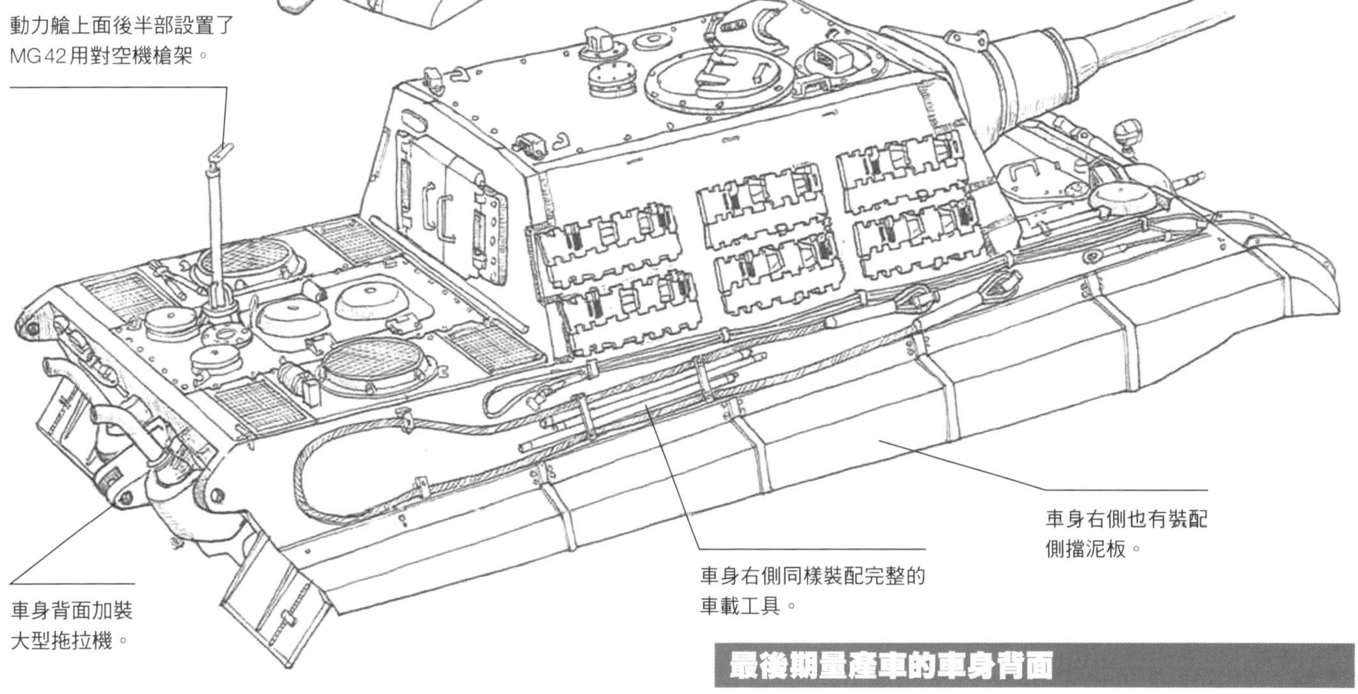

動力艙上面後半部設置了MG42用對空機槍架。

車身右側也有裝配側擋泥板。

車身右側同樣裝配完整的車載工具。

車身背面加裝大型拖拉機。

最後期量產車的車身正面

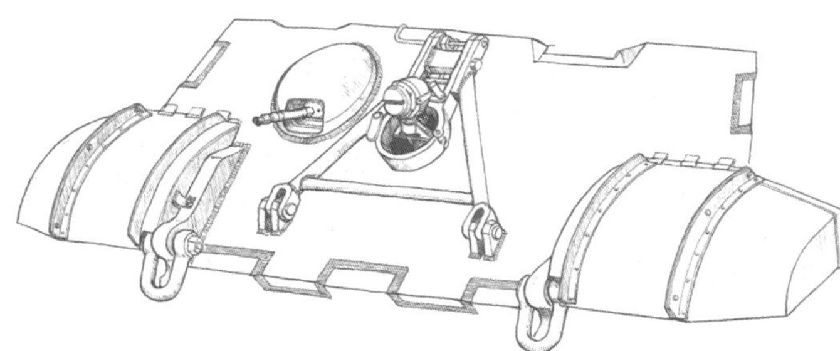

1945年2月之後，量產車的前／側擋泥板接合處都改成法蘭樣式，前擋內側還追加了補強片（補強肋）。

最後期量產車的車身背面

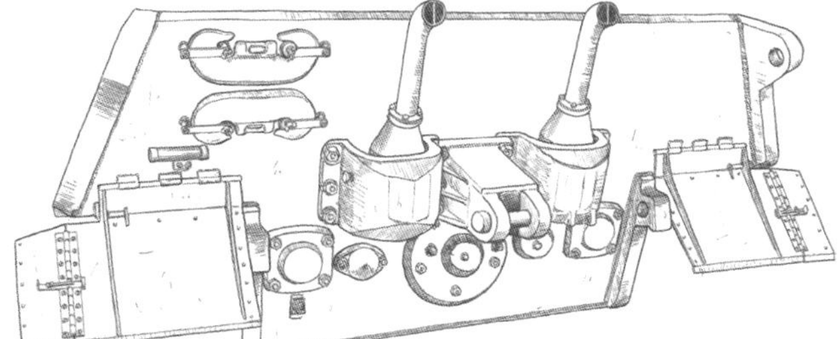

1944年11月起，廢除原本設置於車身背面的千斤頂（放在下半部）、千斤頂台座（放在右側），1945年2月之後的量產車更在左右排氣管基座之間增設大型拖拉機。

DOITSU JUU KUCHUKU SENSHA

Originally published in Japan by Shinkigensha Co Ltd
Chinese (in traditional character only) translation rights arranged withShinkigensha Co Ltd
through CREEK & RIVER Co., Ltd.

出　　版／楓樹林出版事業有限公司
地　　址／新北市板橋區信義路163巷3號10樓
郵政劃撥／19907596 楓書坊文化出版社
網　　址／www.maplebook.com.tw
電　　話／02-2957-6096
傳　　真／02-2957-6435
插畫・解說／遠藤慧
翻　　譯／蔡婷朱
責任編輯／陳鴻銘
內文排版／楊亞容
港澳經銷／泛華發行代理有限公司
定　　價／480元
初版日期／2023年9月

國家圖書館出版品預行編目資料

圖解德國重驅逐戰車 / 遠藤慧插畫、解說 ; 蔡婷朱譯. -- 初版. -- 新北市 : 楓樹林出版事業有限公司, 2023.09　面 ; 公分

ISBN 978-626-7218-92-1（平裝）

1. 戰車 2. 德國

595.97　　112012315

圖解德國重驅逐戰車

Military Detail Illustration
SCHWERE JAGDPANZER